VOYAGES EN ORIENT

PAR

LE R. P. DE DAMAS

DE LA COMPAGNIE DE JÉSUS

LA GALILÉE

NOUVELLE ÉDITION

DELHOMME ET BRIGUET, ÉDITEURS

PARIS | LYON

83, Rue de Rennes, 83 | 3, Avenue de l'Archevêché, 3

VOYAGES EN ORIENT

LA GALILÉE

VOYAGES EN ORIENT

PAR

LE R. P. DE DAMAS

DE LA COMPAGNIE DE JÉSUS

LA GALILÉE

NOUVELLE ÉDITION

DELHOMME ET BRIGUET, ÉDITEURS
PARIS | LYON
83, Rue de Rennes, 83 | 3, Avenue de l'Archevêché, 3

VOYAGE EN GALILÉE

I

LE DÉPART

Joie et bonheur ! Dieu veuille nous les accorder pour ce nouveau voyage.

Après avoir exploré la Judée, nous allons voir le pays de Sichem où paissaient les troupeaux de Jacob, le mont Thabor couronné de gloire, le lac de Tibériade aux eaux transparentes et bleues, et cette montagne d'Hittin où les derniers soutiens du royaume de Jérusalem périrent en héros, et le Carmel, et Ptolémaïs, et Tyr, et Sidon, et surtout Nazareth, *où l'ange du Seigneur annonça à Marie qu'elle serait Mère de Dieu, où le Verbe s'est fait chair, où le Fils du Très-Haut daigna habiter parmi les hommes.*

Depuis ce matin, tous les moucres de Jérusalem affluent vers le couvent, nommé Casa-Nova. La petite rue qui les relie ensemble, est pleine de chevaux, de ces chevaux dont M. de Châteaubriand a si bien dit : « On les traite avec une rigueur extrême ; on ne les met point à l'ombre ; on les laisse exposés à l'ardeur du soleil, attachés en terre à des piquets par les quatre pieds, de manière à les rendre immobiles ; souvent ils ne boivent qu'une fois par jour, et ne mangent qu'un peu d'orge en vingt-quatre heures ».

Nos soixante quadrupèdes, malheureusement, ne méritent pas l'éloge du poète lorsqu'il ajoute : « J'ai souvent admiré un cheval arabe, ainsi enchaîné dans le sable brûlant, les crins descendant épars, la tête baissée entre ses jambes pour avoir un peu d'ombre, et laissant tomber de son œil sauvage un regard oblique sur son maître ; avez-vous dégagé ses pieds des entraves, vous êtes-vous élancé sur son dos, *il écume, il frémit, il dévore la terre ; la trompette sonne, il dit : Allons!* et vous reconnaissez le cheval de Job..... ».

Ceux-ci ne tiennent guère de la race ni du sang du coursier biblique. Je doute qu'ils écument, qu'ils frémissent et dévorent l'espace lorsque nos cavaliers auront sauté sur leur échine ; même en Arabie, les qualités supérieures sont rares parmi les chevaux ; les nôtres nous porteront jusqu'au bout, mais rien de plus.

A mesure qu'on les amène, nos jeunes gens cherchent à les deviner et fixent leur choix sur les moins dépourvus de vigueur.

Que d'allées, de venues, de cris, de réclamations! Ce cheval n'a pas de bride, celui-ci point de sangle, un autre point d'étriers. Un quatrième, en buvant dans un ruisseau, a avalé des sangsues et il rend le sang par la bouche. Sur l'échine du cinquième il y a une plaie infecte. Le fer du pied gauche ou celui du pied droit est prêt à manquer. On se plaint, on appelle Schembri l'entrepreneur de la caravane; mais lui, en fin Maltais qu'il est, prévoyant des réclamations inévitables, a eu bien soin de se cacher, et on ne le verra pas de toute la matinée; à chacun de s'arranger comme il pourra. Or, il s'agit d'un voyage de vingt jours, et c'est bien la peine de regarder de près à sa monture.

Pendant que les jeunes gens s'agitent, quelques hommes graves se tiennent à l'écart, tout heureux du triage de l'ardente jeunesse; pour eux la fougue dans un cheval, n'est point une qualité; peu leur importe d'enfourcher une rosse : que leur monture ne les jette point à terre, leur ambition se borne là.

Deux heures était le moment fixé pour le départ; cependant, afin d'éviter l'encombrement, on avait permis de se mettre en marche à mesure qu'on serait prêt; aussi nous empressons-nous, mes jeunes gens et moi, de dégager la rue et d'aller chercher l'ombre des oliviers en dehors de la porte de Damas, où l'on est convenu de s'attendre. Nous attachons nos chevaux à quelque tronc noueux, nous nous étendons par terre, où nous causerons longtemps sur les chances de cette seconde partie de notre pèlerinage, car le gros de la caravane est lourd à se mettre en mouvement et n'arrivera pas si vite.

Heureuse est notre chance de pouvoir atteindre Nazareth par terre. Tous les voyageurs ne la partagent point. La Samarie, en effet, n'est pas une contrée sûre. Plus de trace de ses belles routes ouvertes par les Romains; elle est sans chemins, et la nature semble y avoir accumulé tout ce qui est propre à l'exercice du brigandage. On y rencontre des gorges si horribles, qu'une poignée de fellahs embusqués y tiendrait en échec un régiment; et, de fait, ses hauts lieux, couronnés de villages comme autant de citadelles, bravent depuis des siècles, la domination ottomane. Le caractère de ses habitants est en harmonie parfaite avec cette nature sauvage. Fréquemment, des rixes s'élèvent de village à village, ou bien une partie notable de la population s'insurge contre le gouvernement turc; alors tout le pays est en feu, les chemins sont convertis en autant d'embuscades; nulle autorité ne sauvegarderait les pèlerins, et il serait imprudent de risquer sa barque au milieu de cette tempête. Une année, je vis rapporter à Jérusalem deux victimes sanglantes de la brutalité des habitants de Naplouse. Cinq religieux franciscains s'étaient mis en pèlerinage. Des brigands, qui les guettaient, les avaient surpris à minuit dans leur sommeil, au pied d'un arbre, les avaient dépouillés, et tellement accablés de coups que trois d'entre eux n'avaient pu être rapportés, et que, parmi les deux arrivants, l'un mourut de ses blessures après quelques jours. En face de semblables périls, les consuls européens mettent souvent leur véto aux voyages les mieux concertés ; et des caravanes entières, venues de bien loin, ont dû renoncer à l'exploration du territoire des rois d'Israël et se rendre par mer à Nazareth. Je les plains, car le voyage à travers la Samarie nous présente un vif intérêt. Chacun de nos pas va faire surgir de la terre quelque grande image des temps héroïques. Les premières conquêtes du peuple de Dieu, la marche triomphale d'Alexandre, les invasions romaines, le pèlerinage armé des soldats de la croix, et, avant tout, les pieux souvenirs de la sainte Famille illustrèrent cette route. Les bourgades, les pierres même qui marquent l'étape du voyageur, redisent des luttes émouvantes, des victoires célèbres, des scènes de la vie patriarcale, des traits de la vengeance ou de la miséricorde de Dieu ; et, dans un silence plus éloquent mille fois que toutes les bouches humaines, elles racontent les fatigues ineffables et les miséricordieuses bontés du Sauveur.

Que de fois Jésus, Marie, Joseph, les apôtres parcoururent la distance de Jérusalem à Nazareth !

Trois chemins s'offraient alors aux saints voyageurs. L'un passait à travers la ville mythique où Bacchus, pendant son voyage autour de la terre, ensevelit Nysa en lui imposant le nom de cette nourrice tant regrettée ; et la Scythopolis des Grecs, ainsi nommée en mémoire des Scythes que l'on disait avoir pénétré jusque-là ; et la Bethsan des Juifs, c'est-à-dire la ville du repos. De là il gagnait Salim, Oënon, et descendait la vallée du Jourdain jusqu'à Jéricho. Le second, tirant à l'ouest, traversait Césarée et Lydda, le long de la Méditerranée : la sainte Famille le suivit, dit-on, au retour de l'Egypte. Le troisième est celui que nous prendrons aujourd'hui. Il n'était guère plus sûr alors que maintenant ; car des disputes de religion s'élevaient souvent entre les ombrageux Samaritains et les pèlerins de la Galilée ; or des disputes aux voies de fait il n'y a qu'un pas. Cependant, comme il était le plus court, les pèlerins le choisissaient ordinairement, et nous aurons la consolation d'y retrouver les vestiges de la sainte Famille.

La sainte Vierge, après le mystère de l'Incarnation, y passa une première fois pour aller saluer sa cousine Élisabeth ; puis elle regagna Nazareth et revint, en suivant la même route, se faire inscrire à Bethléem sur les registres du recensement.

Joseph et Marie s'en allaient par là, quand l'enfant Jésus, âgé de douze ans, resta au Temple, où ses parents en larmes le retrouvèrent au milieu des docteurs.

Notre-Seigneur l'évita quelquefois. Après son baptême, par exemple, nous le voyons remonter de Jéricho à Nazareth, le long de la rive orientale du Jourdain ; mais, plus ordinairement, il préféra le chemin de Sichem. Nous l'y rencontrons spécialement, lors de sa mystérieuse entrevue avec la Samaritaine, et tout porte à croire qu'il visita fréquemment la vallée où furent enterrés Jacob et son fils Joseph.

Le tracé actuel ne saurait guère s'éloigner de celui d'autrefois. Courant du midi au nord, à travers la Samarie et la Galilée, le chemin rencontre El-Bir, Naplouse, Sébaste ; il coupe, vers Djennin, la route de Gaza à Damas ; et vient aboutir à Nazareth par la plaine d'Esdrelon. Nous marchons donc où marcha le Sauveur, où passèrent fréquemment Joseph et Marie. Quel bonheur !

Pendant que nous nous livrons à cette émotion, le reste de notre petite armée s'est enfin équipé ; la colonne s'est mise en mouvement.

L'Europe, avec ses habitudes faciles, n'a pas l'idée de la physionomie des caravanes de l'Orient ; elle ne connaît pas les embarras de l'organisation d'un tel genre de voyage ! Ce n'est pas le tout, en effet, d'avoir réuni cinquante-sept chevaux pour nous porter. Il faut encore des montures pour nos drogmans, des bêtes de somme pour nos paquets et nos provisions, et des multitudes de ces palefreniers appelés moucres, pour soigner les quadrupèdes. Et puis, quelle complication lorsqu'il faut transporter avec soi, même son lit et sa maison ! Cinquante-sept petites couchettes de fer, douze tentes, plus le grand pavillon qui fait salle à manger ; des planches, des tréteaux, des bancs, autant qu'il en faut pour une table de cinquante sept couverts ; plats, assiettes, cuillères, fourchettes, gobelets, bouteilles, ustensiles de métal pour remplacer les carafes ; provisions de légumes, de fruits secs, de pain, de vin, pour quatre-vingts personnes pendant vingt jours ; marmites, casseroles, petits fourneaux, et même charbon de bois pour la cuisine, car sur la route nous ne trouverons guère, en fait de combustible, que du crottin de chameau ; enfin, nos valises, et nos petites malles : quel attirail à traîner après soi ! Que de chevaux, de mulets, de moucres ne sont pas nécessaires pour porter, charger, décharger, recharger tout ce bagage deux fois par jour. J'admire comment notre guide peut suffire à diriger ce mouvement ; et vraiment il s'en tire à merveille. Sans doute le confortable ne se rencontrera pas toujours ; mais le nécessaire ne manquera jamais.

Enfin tout est prêt : et, vers trois heures, nous sommes tous réunis hors des murs. Monsieur le chancelier du patriarcat nous fait l'honneur de nous accompagner à quelque distance. Parvenus à la hauteur d'où l'on aperçoit bien Jérusalem pour la dernière fois, nous nous assemblons, la face tournée vers le Saint-Sépulcre ; et tous ensemble, nous chantons un cantique d'adieu. Pour moi, ce ne sera pas le dernier, s'il plaît à Dieu ; mais presque tous mes compagnons sont comme sûrs de ne jamais revoir la Cité sainte, et pendant que leurs lèvres expriment un regret, leurs yeux promènent un triste regard sur les hauteurs de Sion, la montagne des Oliviers, et l'église de la Résurrection. Le chant se termine par cette belle parole d'actions de grâces et de respect : Gloire au Père, gloire au Fils, gloire au Saint-Esprit, qui nous ont accordé la faveur de voir ce après quoi tant d'autres ont soupiré en vain ; — et puis nous prenons congé de M. le chancelier qui va transmettre nos derniers hommages au Patriarche ; et, rien ne nous retenant plus, nous partons.

II

JUSQU'A NAPLOUSE

Aujourd'hui la marche sera encore maussade, sur un sol nu désert. Plus tard le pays deviendra gracieux et riant. Ce ne sera plus la sauvage Judée, mais une avenue pour nous conduire au Liban. Alors des vallées pittoresques, des collines parées de moissons, des sommets verdoyants, des vallons boisées, des bouquets d'oliviers, des villages hardiment posés sur les hautes cimes recréeront nos yeux longtemps attristés par les ruines de Jérusalem. Courage donc ! Et, soutenus par l'espoir, engageons-nous vaillamment au milieu des pierres roulantes et des rochers aigus.

Après une heure de marche, comme un vieux château du moyen âge, nous apparaît, sur un tertre sans grâce, le village de Schafat. C'est là que vint se briser, devant la majesté du grand-prêtre Jadus, l'orgueil d'Alexandre le Grand.

Après un siège de sept mois, le conquérant venait de subjuguer Tyr ; soixante jours de blocus avaient forcé Gaza à lui ouvrir ses portes, Jérusalem se voyait directement menacée. A cette nouvelle, le pontife avait ordonné des prières publiques, et puis, organisant un pieux cortège, il s'était avancé à la rencontre du vainqueur jusqu'au lieu où nous sommes heureusement parvenus. De son côté, l'armée des Macédoniens avait également franchi la montagne. Déjà ses regards avides découvraient le faîte des maisons de Jérusalem, et les Phéniciens et les Chaldéens se réjouissaient du pillage de la cité sainte et du massacre de son pontife lorsque Alexandre, saisi à la vue de cette multitude d'hommes en robes blanches, précédés par les lévites en tunique de lin, et commandés par le grand-prêtre à la robe violette brodée d'or, fait arrêter ses troupes, s'avance au-devant du cortège, se prosterne devant le pontife, et adore le nom de Jéhovah gravé sur sa poitrine.

Grande est la joie du peuple de Jérusalem, qui crie : *Hosanna !* mais plus grand encore se manifeste l'étonnement des rois et des généraux venus à la suite conquérant. Un moment, ils le supposent frappé de démence. Enfin Parménion ose demander à son maître la cause de ce changement subit, et Alexandre lui répond qu'en songe il a vu un être mystérieux lui promettre, avec la conquête de l'Asie, la destruction de l'empire de Darius ; que le pontife est l'homme du songe prophétique, qu'en sa personne il n'a pas adoré l'homme, mais le

Dieu dont il est le ministre, et qu'il vient de recevoir, en le voyant, la plus sûre garantie du succès de ses armes.

Donnant alors la main au grand-prêtre, le roi de Macédoine marche vers Jérusalem ; il se rend au Temple, où il offre un sacrifice selon les rites judaïques. Le surlendemain, il convoque la nation et promet d'accorder la grâce qu'on lui demandera. Jaddus, au nom de tous, réclame le droit de suivre en paix la loi de Moïse, et celui de ne point payer de tribut chaque septième année. Il l'obtient, et Alexandre s'éloigne de Jérusalem, emmenant avec lui une foule de Juifs, volontairement enrôlés sous ses drapeaux contre les Perses.

Après Schafat vient Rama, l'une des premières seigneuries fondées en faveur d'un prince croisé ; puis El-Bir, l'ancienne Béeroth, où, s'il faut en croire la tradition, la sainte Vierge et saint Joseph s'aperçurent de l'absence de l'enfant Jésus.

Une église gothique, ou plutôt des ruines informes redisent, à El-Bir, la piété des Croisés ; ils l'avaient construite en l'honneur de la sainte Vierge, avec un hôpital, dont la garde était confiée aux chanoines du Saint-Sépulcre : « touchante pensée d'ouvrir un asile à la douleur dans l'endroit même où le cœur de la divine Mère fut rempli d'une grande tristesse ».

Quelquefois les voyageurs passent la nuit à El-Bir. C'était aussi la première couchée des Juifs au retour des fêtes pascales. Une grande et belle fontaine nous invitait à nous reposer sur ses bords ; mais ce passage du livre de M. de Saulcy nous effraya : « Une fois, dit-il, que nous avons mis pied à terre, nous sommes introduits dans notre gîte. Quel gîte, bon Dieu ! Figurez-vous un couloir boueux de six pieds de long et de trois pieds de large, dans lequel on ne voit goutte. Aurait-on la prétention exorbitante de nous loger là-dedans ? Avec la meilleure volonté du monde ce serait impossible, à moins de nous placer en tas. » C'est là-haut, montez, « nous dit-on. — Monter, c'est bien aisé à dire ! Par « où, et comment ? » Notre drogman nous fait alors reconnaître au toucher trois pierres en saillies sur le mur de droite ; elles sont disposées sur une ligne tant soit peu oblique, et à trois l'une de l'autre. « C'est « l'escalier, dit-il. — Bien obligé ! » Et nous escaladons. Une fois au sommet du mur que nous croyions un simple mur de refend, nous trouvons une aire en terre battue, qui a le toit pour plafond et quel toit ! un vrai grillage par lequel le vent use de son droit de bourgeoisie, comme dans toute demeure arabe qui se respecte. Une autre petite plate-forme en retour, étroite comme le bas de l'escalier, et relevée de deux pieds au-dessus du sol de notre appartement, sert de chambre à coucher aux maîtres de la maison. Nous avons assez d'espace pour juxtaposer nos couchettes en faisant empiéter chacune d'elles sur sa voisine. S'il n'y a pas l'ombre d'un escabeau, il y a en revanche une buche qui fait semblant de brûler et qui se contente de fumer à nous asphyxier tous. Une petite lampe de fer, accrochée à une fente de la muraille, complète notre ameublement.

L'hospitalité d'El-Bir est définitivement peu engageante. Aussi maître Schembri avait-il disposé, de préférence, au village de Ramala, notre asile pour la nuit.

Le coup d'œil de ce premier campement est réellement gracieux. Douze tentes sont dressées dans une plaine qui n'est pas sans quelque verdure. La campagne, au loin, se montre ornée d'oliviers et de grenadiers. On voit, çà et là, des jardins bien cultivés. A une légère distance, de petits fourneaux, en plein vent, des casseroles, des marmites, et tous les apprêts d'un dîner de cinquante-sept couverts. Plus loin, un grand pavillon dressé pour le repas. Autour de nous, nos cent chevaux, tout sellés, tout bâtés, attachés par le pied, selon l'usage, à un piquet fiché en terre. Et puis, nous, et puis nos drogmans, et les cuisiniers, et les palefreniers, dans leur costume oriental. C'est la vie, c'est le mouvement ; c'est une imitation des mœurs patriarcales ; c'est la fusion des représentants de plusieurs peuples ; c'est presque la confusion des langues sur cette terre d'Asie qui vit les enfants de Noë commencer la Tour de Babel, *et Dieu descendre parmi eux et confondre leurs langues, de manière qu'ils ne s'entendissent plus les uns les autres.*

Une foule de curieux accoururent pour nous voir. Singulière population que celle-là ! Les hommes se présentent armés d'une quenouille, filant la laine, et laissant aux femmes le soin des gros travaux. Des multitudes d'enfants se répandent parmi nos bêtes de somme ; leurs mères se tiennent au loin qui leur font des signes ; ces pauvres petits sont envoyés pour ramasser le crottin : on le fera sécher au soleil, et puis, il aidera à faire la cuisine, à se chauffer pendant l'hiver.

Dans une jolie maison, agéablement située à quelque distance des habitations vulgaires, nous allons saluer le prêtre latin établi, depuis peu, à Ramala pour y commencer la mission catholique. Il veut bien nous faire l'honneur d'accepter notre invitation, et vient partager avec nous le repas du soir.

La nuit s'écoule paisible ; le sommeil nous paraît meilleur sous nos légers abris ; et, le lendemain matin, un de ces beaux levers du soleil, comme on en voit en Orient, nous invite à bénir Dieu, et à remonter à cheval.

A mesure que nous nous éloignerons de l'âpre Judée, je l'ai dit, le panorama va s'agrandir, les montagnes s'élever, la terre devenir plus riche, la nature plus aimable.

Un coup d'œil sur la topographie de la Syrie explique parfaitement ce phénomène. Cette vaste contrée se trouve sillonnée dans toute sa longueur pas une suite de montagnes, dont le premier anneau la relie au Taurus, et le dernier se perd dans l'Arabie Pétrée. Or la Judée est sur la limite extrême, voisine de l'Arabie. Les hauteurs s'abaissent graduellement du Liban à Hébron, et vont s'amoidrissant jusqu'à ce qu'elles disparaissent et se confondent avec les vastes plaines de sable. A la Judée par conséquent, la moins bonne part; il lui a fallu pour être aussi prospère, la fécondité inconcevable répandue par Dieu sur la Terre promise. En la quittant, nous remontons vers le centre, et nous nous rapprochons des sources de la vie; aussi rencontrerons-nous, dès aujourd'hui, des vallées de plus en plus profondes, des sommets plus élevés, des plaines mieux arrosées par les torrents et les ruisseaux descendus des montagnes, une fertilité plus grande; et le tableau s'élargira chaque jour, et il s'étendra progressivement jusqu'à ce que nous dressions enfin notre tente au pied du Sannin couronné de neiges éternelles.

Cependant, point de joies trop hâtives, point d'espérances présomptueuses; ce matin comme hier, nous aurons à souffrir des mauvais chemins, puisque nous n'avons pas encore atteint les frontières du royaume de Juda; voici les montagnes arides et nues de la tribu de Benjamin.

Nous traversons un plateau d'un aspect étrange.

Les rochers y affectent les formes les plus bizarres ; ici, comme des champignons monstrueux ; là, semblables à des tribunes en plate-forme, les roches s'abaissent, s'élèvent, se diversifient avec une variété surprenante. Est-ce un jeu de la nature, ou l'effet du travail de l'homme ? Dieu a-t-il fait ces choses ? L'homme y a-t-il mis la main ? Nous nous le demandons, sans trouver de réponse.

Trois quarts d'heure plus loin, le village de Beitin se présente ; cahutes délabrées, ruines d'une vieille église, le voilà dans sa vérité.

Ce lieu est saint, toutefois ; c'est l'ancienne Béthel !

« En ce temps-là, le Seigneur dit à Jacob : Lève-toi, et monte, et établis ta demeure à Béthel ; et élève en cet endroit, un autel au Dieu qui t'apparut quand tu fuyais Ésaü, ton frère..... Et Jacob vient à Luza, qui est dans la terre Chanaan, surnommée Béthel ; et tous les siens montèrent avec lui. Et il éleva un autel, et il appela ce lieu la Maison de Dieu, en mémoire de la mystérieuse apparition du Très-Haut. »

Or voici le grand événement auquel il est fait ici allusion.

Lorsque Jacob fut en âge de se marier, Isaac, son père, l'avait appelé, et, le bénissant, lui avait dit : « Ne cherche point, ô mon fils, un établissement parmi les familles de Chanaan. Mais lève-toi et va en Mésopotamie de Syrie, vers la maison de

Bathuel, père de ta mère, et demande une des filles de Laban ton oncle. Et que le Dieu tout puissant bénisse ton union, et qu'il te fasse croître et multiplier ; et qu'il t'accorde la bénédiction d'Abraham, afin que tu deviennes le chef d'un grand peuple, et que tu possèdes la terre promise à ton aïeul.

» Et Jacob était parti de Bersabée, suivant les ordres de son père. Et, arrivé en un lieu où il devait se reposer, après le coucher du soleil, il prit des pierres, et les mit sous sa tête, et il s'endormit. Et voilà qu'en un songe, il vit une échelle dont le haut touchait le ciel et le pied reposait sur la terre ; or les anges de Dieu montaient et descendaient le long de cette échelle ; « image des relations du ciel et de la terre ». Et le Seigneur apparaissant au haut de l'échelle mystérieuse, dit à Jacob : Je suis le Seigneur, le Dieu d'Abraham, et le Dieu d'Isaac, tes pères ; je te donnerai la terre sur laquelle tu es endormi ; et ta postérité la possèdera après toi ; et tes descendants seront nombreux comme la poussière de la terre ; et les rameaux qui sortiront de toi s'étendront vers l'orient et l'occident, et le septentrion et le midi ; et toutes les tribus de la terre seront bénies en toi et en ta pospérité.

« Et quand Jacob se réveilla, il poussa un cri de reconnaissance, et il s'écria : Vraiment le Seigneur habite en ce lieu ; et je ne le savais pas. —

Et puis il se tut pour se recueillir, et un instant après saisi de ce qu'il avait vu, il dit : Que ce lieu est terrible ! C'est ici la maison de Dieu et la porte du ciel. — Et se levant, il prit la pierre qu'il avait mise sous sa tête, et il l'éleva comme un monument, et il y répandit de l'huile. Et il appela Béthel la ville qui avait auparavant le nom de Luza. »

Et il partit pour la Mésopotamie, dans la direction de l'orient, où il épousa successivement Lia et Rachel. Tout lui prospéra, et il revint près de son père. Lorsque nous le rencontrons à Béthel, pour la seconde fois, Dieu lui apparaît encore ; il le bénit de nouveau en disant : « On ne t'appellera plus Jacob, Je veux qu'on te nomme Israël ; c'est moi qui l'ordonne, moi, le Dieu tout-puissant. « Et il ajoute : « Crois et multiplie ; les nations et les peuples descendront de toi, et des rois sortiront de ta race ».

En lisant ce passage de l'Écriture à Beitin, ne nous semble-t-il pas assister à l'acte solennel par lequel le Très-Haut consacra le père des douze tribus d'Israël ?

Avant Jacob, Abraham, son aïeul, avait campé à l'orient de Béthel, sur la montagne ; et lui aussi avait élevé en ce lieu un autel à Jéhovah. Plus tard, Samuel en fit un des rendez-vous célèbres, où il allait, d'année en année, rendre la justice au peuple d'Israël.

Hélas ! la malheureuse ville ne devait pas rester fidèle à ses nobles destinées. Un jour, elle se laissa envahir par l'idolâtrie. Jéroboam y fit placer un veau d'or, et il y institua la fête de cette idole, et il lui sacrifia en présence de tout le peuple, et il y établit un collège de cohénins. Ce fut alors que Dieu manifesta sa colère par un miracle. Un prophète vint de sa part, et s'écria : « Autel, autel ! ainsi a dit l'Éternel : Voici qu'un fils naîtra à la maison de David ; son nom sera Josias : il immolera sur toi les cohénins des hauts-lieux, qui font des encensements sur toi et on brûlera sur toi des ossements humains ». En vain Jéroboam, irrité, voulut-il faire arrêter le prophète ; il étendit la main en signe de commandement, mais cette main se dessécha et elle resta immobile, et il fallut l'intercession du prophète pour qu'elle revînt à son premier état. On sait comment Josias, roi de Judée, accomplit la menace prophétique, en passant les prêtres impies au fil de l'épée.

Après la captivité de Babylone, Béthel fut repeuplée. Bacchidès la fortifia au temps des Macchabées. Vespasien, dans son expédition victorieuse contre la Gophnitique et l'Acrabatène s'en empara, et la jugea assez importante pour y établir une garnison avant de marcher sur Jérusalem. Elle n'était plus qu'un village lorsque saint Jérôme la visita.

Notre Beitin paraît vraiment bâtie sur ses ruines. Eusèbe la place au douzième mille sur la route de

Jérusalem à Sichem, et la mesure ancienne s'accorde avec la nouvelle. Quant au nom de Beitin, M. de Saulcy y retrouve Beit-el, à cause de la permutation du *lam* en *noun*, si fréquente parmi les Arabes.

Cette ville est sur la frontière de la tribu de Benjamin, mais elle appartient déjà à celle d'Éphraïm, et voilà qu'en l'abordant, nous avons commencé à fouler le sol de la Samarie.

A gauche, les montagnes d'Éphraïm nous apparaissent belles encore, belles, mais désolées. Le chemin est détestable : des ruines ajoutent à la tristesse du paysage. Cependant, çà et là, des forêts d'oliviers rompent la monotonie des vallées pierreuses. Au printemps, m'assure-t-on, semées par la main de Dieu, des fleurs délicieuses s'épanouissent naturellement entre les rochers ; alors le pays ressemble à un parterre d'anémones et de renoncules, dont les couleurs variées se nuancent avec grâce ; mais, aujourd'hui, les pieds de nos chevaux ne foulent que des pierres échauffées au soleil, des grottes funéraires se montrent béantes ; elles s'ouvrent aux flancs de la montagne et portent le cachet d'une époque fort ancienne.

« Depuis quelques minutes, écrit un voyageur, j'apercevais des oliviers, des figuiers, dont l'écorce avait été enlevée très artistement sur une zône de la largeur de la main. Le terrain placé à droite du chemin présentait ce spectacle sur une assez grande longueur ; il était bien clair que c'étaient des arbres

condamnés à mort. Je demandai à mon guide d'où pouvait provenir un pareil acte de barbarie. « Ce-
« la se pratique beaucoup dans notre pays, me ré-
« pondit-il ; quand on n'aime pas quelqu'un, on lui
« tue ses arbres. Il est vrai que le propriétaire des
« arbres tués cherche le tueur, et se procure le
« plaisir de le tuer quand il le trouve..... Ici, ajou-
« ta-t-il, il y a tant d'arbres perdus qu'il s'agit
« probablement d'une inimitié de village à village.
« Un homme, dix hommes même n'auraient pu
« faire tant de besogne en une nuit ; toute une
« population a dû se mettre à l'ouvrage. Mais aussi
« gare les coups de fusil ! avant peu, il n'y aura
« pas que des arbres qui mourront. »

Vraiment de semblables détails sont peu rassurants. A huit cents lieues de son pays, loin de tout officier de justice, on éprouve quelque saisissement à s'aventurer au milieu d'une population si peu au fait des lois de l'équité. Mais, lorsque au sein d'une gorge profondément ravinée, entre deux murs de rochers merveilleusement propres à dresser une embuscade, on entend son guide vous dire avec le sang-froid dont un arabe seul est capable : Ceci s'appelle *Wadi-El-Karamieh, la vallée des voleurs,* on se trouve encore moins à l'aise ; et, sous une impression qu'on ne s'avoue pas, de peur de se reconnaître poltron, on se surprend à presser les flancs de son cheval, à stimuler ses allures, et à le faire marcher plus vite vers le village de Sindjil ou le kan de Lebna.

Sachons nous commander cependant. A quoi bon voyager, si la crainte empêchait de stationner aux endroits remarquables ? Voici un lieu célèbre. « Silo, dit le livre des Juges, est situé au septen-« trion de Béthel, à l'orient du chemin de Béthel « à Sichem, et au midi de la ville de Lebna. » Il n'est pas possible de s'y méprendre : le village de Seiloun, qui se montre sur la droite, est bien l'antique Silo.

Après que Josué, commandant au soleil, eut arrêté le cours des astres pendant vingt-quatre heures, devant Gabaon, pour avoir le temps d'assurer sa victoire ;

Après qu'il eut défait les cinq rois des Amorrhéens, roi de Jérusalem, le roi d'Hébron, le roi de Jérimoth, le roi de Lachis, et le roi d'Eglon ;

Après qu'il eut dispersé leur armée, tué le plus grand nombre de leurs guerriers, et frappé du glaive les rois eux-mêmes ; et après qu'il eut triomphé de Jabin, roi d'Azor, de Joab, roi de Madon, du roi de Séméron, et du roi d'Acsaph ; et des rois de l'Aquilon qui dominaient les montagnes et commandaient la plaine vers le midi de Généroth, et les campagnes, et le pays de Dor auprès de la mer:

Et après qu'il eut écrasé le Chananéen à l'orient et à l'occident, et l'Amorrhéen, et l'Héthéen, et le Phérézéen, et le Jébuséen retranché dans ses montagnes, et l'Hézéen cantonné sous l'Hermon, en la terre de Maspha ;

Et après qu'il eut mis en pièces des peuples aussi nombreux que le sable de la mer, qui étaient accourus près des eaux de Mérom, avec une grande multitude de chevaux et de chars, pour combattre Israël ;

Et quand il eut exterminé les Énacites des montagnes d'Hébron, et de Dahir, et d'Anab, et de toutes les montagnes de Juda et d'Israël, en sorte que nul enfant d'Enac ne fut épargné, excepté en Gaza, en Geth, et en Azoth, où il en fut laissé quelques-uns

Alors, maître de la terre, comme le Seigneur l'avait promis à Moïse, Josué, fils de Nun, vint à Silo, et il fit le partage entre les tribus, assignant à chacune d'elles ses possessions et le lieu de sa résidence ; *et la terre se reposa des combats* !

On dressa donc à Silo le tabernacle du Seigneur; et l'Arche sainte y demeura jusqu'au temps du grand-prêtre Héli, c'est-à-dire, à l'époque où elle tomba aux mains des Philistins. Ainsi trois cent vingt-huit ans s'écoulèrent, pendant lesquels Silo se vit entouré de la gloire dont jouit plus tard le mont Moriah. « Les Hébreux, dit l'Écriture, ve-
« naient à Silo, trois fois dans l'année, pour ado-
« rer Dieu, et solenniser ses fêtes. »

A Silo encore, nous devons rapporter la touchante histoire d'Anna, femme d'Elcana, qui fut, depuis, la mère de Samuël.

Hélas ! comme tous les anciens théâtres de la gloire du peuple juif, Silo devait être maudit ; et sa désolation fut telle qu'un jour, le prophète Jérémie, voulant annoncer la dévastation du temple de Salomon, s'écriait : « A cause de la méchanceté du peuple, le temple sera réduit au même état que Silo. »

Seiloun n'est plus aujourd'hui qu'un mauvais assemblage de cabanes.

Après elle, dans une vallée fertile, se présente le kan de Lebna; avec sa belle source inappréciable dans un pays torréfié, et sur la montagne le village de Zeita, l'une des positions les plus fortes entre les plages de la mer et le bassin du Jourdain.

Et puis deux chemins s'ouvrent devant nous, l'un plus facile à travers la plaine, l'autre plus court sur les flancs du Garizim. L'impatience d'arriver nous fait préférer le moins commode.

Assez longtemps nous longeons le Garizim sans apercevoir Naplouse ; et, tout à coup, au détour du chemin, la vallée s'ouvre belle et gracieuse. Le paysage est enchanteur. Tout est verdoyant, tout est fleuri. Des eaux abondantes et limpides rafraîchissent la terre et lui communiquent la fécondité. On comprend, en le voyant, la prédilection des patriarches pour ce vallon charmant.

Cependant, l'avouerai-je, nos âmes sont peu disposées, ce soir, à l'admiration. La journée nous a paru un siècle. Par égard pour les personnes âgées, afin de ménager aussi les cavaliers moins aguerris, il a fallu marcher au pas des mulets. Défense de trotter ou de galoper ; le duc de Lorges a dû prendre la tête de la colonne pour modérer les ardeurs juvéniles : et, malgré cela, plusieurs maladroits, tombant de cheval, ont encore retardé la marche. Onze heures au petit pas, sous un soleil ardent, ont fatigué tout le monde. Pour comble de disgrâce, le campement n'est pas disposé. A sept heures du soir, nous ne trouvons rien de prêt, ni tentes, ni souper : nous ne serons pas à table avant neuf heures. Aussi nous maugréons contre nos moucres, et nous les anathématisons avec d'autant plus de liberté que la charité n'en sera pas blessée ; ils ne nous comprennent pas et nous ne leur voulons aucun mal. C'est à qui se dira furieux mais sans perdre sa bonne humeur bien entendu, car les mésaventures sont le pain quotidien des voyageurs, et bien malheureux celui qui ne saurait pas en rire.

III

LES NAPLOUSINS.

Se réveiller en plein Orient dans une fraîche vallée, sous de beaux arbres, aux murmures d'une claire fontaine, se dire : Il n'y a point de marches forcées aujourd'hui, je me reposerai jusqu'à demain, à l'ombre sans préoccupation, sous mon léger pavillon de toile ; voilà une sorte de jouissance parfaitement inconnue de beaucoup de monde. Il faut, pour la bien sentir, avoir fait connaissance avec le soleil de l'Asie. Notre caravane s'y est livrée, ce matin, avec une satisfaction marquée. Les ennuis d'hier sont oubliés. On se repose, on est content.

Après le déjeuner, c'est-à-dire après avoir trempé du pain dur dans du café noir, nous visitons la ville en nous promenant.

Assis entre deux montagnes verdoyantes, le Garizim et l'Hébal, avec ses minarets, ses terrasses, ses dômes, ses façades d'une blancheur éclatante, Naplouse offre un aspect poétique, et sa ceinture d'oliviers lui donne une physionomie pittoresque. Seule, malheureusement, la silhouette a du mérite. Si vous tenez à en emporter un souvenir de quelque fraîcheur, gardez-vous d'un examen trop minutieux. Ses prétentions de ville de guerre, d'abord, sont mal justifiées. Ses murailles basses, sans tours et sans fossés, résisteraient tout au plus à un coup de main ; en trois volées, un canon enfoncerait ses portes de bois ; du sommet du Garizim, on l'écraserait comme un insecte. De plus, les rues y sont étroites plus que dans la plupart des villes du Levant ; des voûtes jetées d'une maison à l'autre, en font comme des galeries souterraines, sans jour, ni air, ni soleil ; des flaques d'eau bourbeuses, des bêtes mortes, des tas d'immondices y rendent la circulation difficile : tout y est sale et infect.

Et cependant, en nous rappelant Jérusalem, nous trouvons Naplouse charmante par comparaison. Les Orientaux l'admirent, et l'ont surnommée Damas en miniature ou la petite Damas. Au fait, ce n'est plus un tombeau dans un désert pierreux ; c'est la vie au sein d'une ravissante nature, et rien ne serait aisé comme d'en faire une ville superbe. Descendant d'Hébal et de Garizim, les plus belles eaux répandent autour d'elle fraîcheur et fécondité ; de beaux arbres lui prodiguent les fleurs, les fruits, les ombrages si rares en Palestine. Son voisinage de la plaine d'Esdrelon, ses communications faciles avec la mer du côté du Carmel, avec l'intérieur par les plaines qui s'étendent vers Damas, assureraient à son commerce de précieux débouchés. Les anciens la désignaient sous le nom poétique de Sichem. Pourquoi l'avoir changé en celui de la femme de l'empereur Vespasien ? La flatterie s'est trompée elle-même ; elle n'est pas venu à bout d'immortaliser l'impératrice et du surnom de Flavia-Néapolis, auquel personne ne pense, les Arabes ont conservé seulement la qualification vulgaire de Nablos ou Naplouse.

Les souvenirs historiques sont rares ici. Pour y trouver un grand nom, il faut remonter à Alexandre. Le célèbre conquérant s'étant mis en route pour renverser le puissant royaume des Perses, les Samaritains vinrent à sa rencontre avec huit mille hommes de troupes auxiliaires, cherchèrent par leur témoignage de soumission à l'irriter contre les Juifs ; et ils offrirent même de le suivre pour l'aider à triompher de Jérusalem.

Cependant le grand-prêtre ayant désarmé la colère du guerrier, comme nous l'avons vu, à Schafat, les Samaritains se dégoûtèrent d'Alexandre, se révoltèrent, et pour leur malheur, se firent chasser de leur ville et remplacer par une colonie Macédonienne. Alors Naplouse rentra dans une obscurité complète, jusqu'au jour où elle ouvrit ses portes aux Croisés, après la conquête de Jérusalem. Tancrède en prit possession, au nom des soldats de la Croix ; mais elle retomba au pouvoir des Sarrasins par suite de la désastreuse bataille d'Hitten ; et, depuis lors, on n'en parla plus.

De tous les peuples de la Syrie, ses habitants sont de beaucoup les plus remuants. L'amour de l'indépendance est le fond de leur caractère. Semblable aux tribus du désert, impatiente du joug, cette race indomptable n'obéit qu'à la force. Incessamment disposée à la révolte, elle se soumet avec le ferme propos de s'insurger encore et bientôt. Un traité de paix n'est pour elle qu'une trêve ; elle reste armée, observant avec défiance, disposée à rompre sous le moindre prétexte. Habituée à braver dans ses montagnes tous les efforts des pachas turcs, le Naplousin marche la tête haute, un long fusil sur l'épaule, son kandjar à la ceinture, avec une fierté insultante ou même provocatrice sous sa mauvaise chemise de toile.

Chose remarquable ! 1236 ans avant Jésus-Christ, la première fable connue dans l'histoire, fut inventée contre les Naplousins en révolte.

Gédéon était mort dans une heureuse vieillesse, laissant après lui soixante-dix fils, issus de divers mariages. Or, il avait eu d'une femme de Sichem, un enfant nommé Abimélech ; et celui-ci, plein d'ambition, aspirait à concentrer le pouvoir en ses mains au détriment de ses frères.

Étant donc allé à Sichem, Abimélech réunit les frères de sa mère, les gagna sans peine à son dessein, et les engagea à proposer ce doute à leurs compatriotes :

« Lequel est le meilleur pour vous, que soixante-dix hommes, tous les enfants de Gédéon, vous dominent, ou qu'un seul vous gouverne ? Abimélech ne mérite-t-il pas vos préférences, lui qui est de votre chair et de votre sang ? »

Et les Sichimites, ayant goûté ce raisonnement, lui donnèrent soixante-dix sicles d'argent, enlevés au temple de leur idole ; et, avec cet argent, il rassembla une troupe de misérables et de vagabonds ; et il s'empara des soixante-dix fils de son père, et il les immola sur une même pierre, sauf Joathan, le plus jeune, que des amis vinrent à bout de soustraire au massacre. Et Abimélech, délivré de ses concurrents, *fut établi roi, près du chêne qui est à Sichem.*

Mais Joathan, fort de ses droits, voulut protester contre l'iniquité de ce jugement, et, « il vint au sommet de la montagne de Garizim, et, élevant la voix il cria et dit :

« Écoutez-moi, habitants de Sichem, comme vous voulez que Dieu vous écoute.

« Les arbres, un jour tentèrent de se donner un roi, et ils dirent à l'olivier: Tu règneras sur nous.

« L'olivier leur répondit : Cesserai-je de porter des fruits et de produire l'huile dont se servent les dieux et les hommes, pour aller régner sur les arbres ?

« Les arbres dirent au figuier : Domine sur nous.

« Le figuier leur répondit : Puis-je renoncer à la douceur de mes fruits, pour régner sur les arbres ?

« Et les arbres parlèrent ainsi à la vigne : Viens et commande-nous.

« Et la vigne leur répondit : Comment ne plus faire mon vin qui réjouit Dieu et les hommes, pour régner sur les arbres ?

« Et tous les arbres dirent au buisson : Viens, et sois notre roi.

« Le buisson leur répondit : Si vous m'établissez véritablement votre roi, venez et reposez-vous sous mon ombre ; si vous ne le voulez pas, que le feu sorte du buisson et qu'il dévore les cèdres du Liban.

« Écoutez donc, habitants de Sichem ! voilà que vous avez tué, sur une même pierre, les soixante-dix fils de Gédéon. Eh bien ! si vous avez reconnu, comme ils le méritaient, les bienfaits de celui qui a combattu pour vous et qui a exposé sa vie à tant de périls pour vous arracher des mains de Madian, si vous avez agi avec justice et sans péché envers Gédéon, réjouissez-vous aujourd'hui en Abimélech, et que ce monarque de votre choix se réjouisse en vous ; mais si vous avez suivi le conseil de l'iniquité, si vous avez chassé vos souverains légitimes et vos bienfaiteurs, pour les remplacer par un usurpateur ingrat, que votre péché retombe sur vous, que le maître de votre choix devienne votre tyran, c'est-à-dire que le feu sorte d'Abimélech, et consume les habitants de Sichem et dévore Abimélech. Ainsi votre ruine sera votre ouvrage, et vous n'aurez pas à vous en plaindre. »

Après avoir ainsi parlé, Joathan s'enfuit; mais l'apologue devint une prédiction. Bientôt les Sichimites s'insurgèrent contre leur élu ; Abimélech leur répondit par de cruelles représailles ; et la lutte engagée ne cessa plus jusqu'au jour où Abimélech, ayant brûlé les principaux habitants de Sichem réfugiés dans une tour, eut la tête fracassée par une meule de moulin jetée de la main d'une femme, et, se voyant mourir, donna l'ordre à son écuyer de lui traverser le corps avec son épée pour qu'il ne fût pas dit qu'il avait péri de la main d'une femme.

L'histoire des temps modernes nous montre Naplouse en rébellion constante contre les pachas d'Acre et de Damas. Pendant le XVIIIe siècle, les pèlerins n'osèrent la traverser. Djezzar-Pacha lui-même échoua devant les Samaritains. Junon, après la bataille du mont Thabor, brûla les villages environnants, mais ne put mettre la main sur les habitants de Naplouse.

Il y eut un moment où le courage des Naplousins faillit sauver la Syrie entière de la tyrannie.

Après le traité de Kutayé, en 1832, Ibrahim-Pacha, profitant de la terreur universelle, avait complétement désarmé les montagnards du Liban et les populations des villes de la Syrie. Il leur avait imposé le désastreux monopole appliqué à l'Égypte par Mégémet-Ali. Les cultivateurs devaient vendre leurs récoltes au vainqueur, selon le prix fixé par lui-même, et racheter au quadruple les objets nécessaires à leur consommation. Chevaux, ânes, mulets, chameaux, étaient employés arbitrairement à tout propos, aux services publics malgré leurs propriétaires. Les hommes se voyaient condamnés à des travaux forcés sans espoir de salaire, sous peine de mourir sous le bâton. Toutes les branches du commerce et de l'industrie, l'agriculture, la propriété, les personnes devenaient autant de sources d'impositions dont le chiffre variait suivant les besoins ou, le caprice de l'administration. Que de mauvaises récoltes, la peste, ou le brutal recensement vinssent à empêcher un village de satisfaire aux exactions en diminuant ses ressources, le village voisin, à son défaut la cité, ou bien la province enfin devaient y pourvoir. Sous le poids de ce joug affreux, un immense cri de douleur s'échappait de toutes les poitrines : mais il ne restait au Liban ni un fusil, ni un yatagan, ni un couteau, et les Maronites et les Druses dévoraient en silence leur chagrin. Alors, conduits par le cheik Kasim-Akmet, les Naplousins qui n'avaient pas été désarmés, firent un appel à ceux de la Galilée, de la Samarie et de la Judée, et se levèrent en masse ; et l'année 1834 les vit entrer à Jérusalem, en vainqueurs.

Ces hommes généreux écrasent la garnison aux cris mille fois répétés de : *Mort à Ibrahim ! la tête d'Ibrahim ! nous placerons la tête du tyran sur le sommet de la montagne de Naplouse !* — En même temps la peste et un violent tremblement de terre éclatent et jettent la consternation dans la ville. En vain, le colonel Mustapha accourt de Damas, il est massacré avec son régiment par une troupe de vaillants montagnards.

Ibrahim-Pacha est réduit à trembler pour sa propre vie. Méhémet-Ali lui-même désespéré de dégager son fils par la force des armes. Il s'humilie jusqu'à envoyer un parlementaire au cheik Naplousin, souscrit honteusement à toutes ses conditions : plus de conscription, retrait des troupes égyptiennes ; impunité des montagnards ; abolition du monopole et de la capitation ; réduction des impôts : il promet tout. Kasim-Akmet reçoit sa parole, ordonne aux siens de déposer les armes, et la Palestine rentre dans le repos.

Malheureusement, la loyauté des insurgés avait négligé de prendre ses sûretés contre la perfidie du vice-roi, et tandis que le fellah, trop confiant, changeait paisiblement ses armes contre la charrue, tout à coup sans respect pour sa parole et le serment de son père. Ibrahim fond sur la Palestine comme un ouragan, à la tête de seize mille hommes, met tout à feu et à sang, et donne le spectacle d'une des plus horribles violations de la justice. Naplouse est bombardée ; le généreux Kassim-Akmet est décapité à Damas avec ses quatre fils ; plusieurs autres cheiks de Galilée, de Judée et de Samarie payent également de leur tête leur trop facile confiance à la parole donnée.

Depuis lors, Naplouse est une lionne assise dans l'esclavage. Elle a perdu tous ses privilèges. Autrefois, son gouverneur était un indigène qui prenait le titre d'émir. Cet homme prenait à ferme la Samarie entière. Il parcourait le pays, percevait le Miri et rendait au pacha un nombre fixe de bourses. Alors les villages n'étaient point opprimés ; on y vivait dans l'état de vasselage à peu près comme en Europe au moyen âge. Depuis la trahison d'Ibrahim, les pachas turcs sont venus à bout de saisir l'autorité souveraine, et ils la conservent en semant la discorde parmi les frères. Ce peuple, auquel rien ne manquerait pour goûter la fortune et le bien-être, passe aujourd'hui son temps à se chercher querelle. Vers l'entrée de la ville, nous voyons campés sous la tente, un régiment osmanli. On nous dit que les factions et les rixes produites par la division des grandes familles du pays, ont motivé ce déploiement de force, et nous ne tardons pas à rencontrer les preuves de la mésintelligence.

Ainsi, nous demandons à visiter l'une des plus belles maisons de la ville ; et nous y trouvons pour tout habitant, un enfant sous la garde des domestiques ; et comme nous en manifestons notre étonnement, on nous apprend que le maître, puissant et riche, s'est fait exiler pour cause politique. Ainsi va le monde. Lorsque le bonheur semble résider au loin, on l'appelle de tous ses vœux ; si, de lui-même, il fixe parmi nous sa demeure, nous le chassons par nos sottises.

En religion comme en politique, les Naplousins se montrent intraitables. Leur fanatisme est à l'état violent. Leurs prédécesseurs refusaient au Christ l'entrée dans leur ville, parce que la trace de ses pas était dans la direction de Jérusalem ; ils n'en feraient pas moins aujourd'hui. Toutefois, sans se laisser décourager par l'obstacle, l'intrépide Mgr Valerga, patriarche de Jérusalem, a voulu commencer une mission chrétienne parmi eux. Saluons le Pontife, et applaudissons à la générosité de son initiative : cependant l'expérience du passé nous donne le triste droit de ne pas trop nous bercer de l'espérance d'un succès prochain. La malédiction infligée au peuple juif semble poursuivre les sectateurs de Mahomet ; et, si, de loin en loin, un musulman vint à se convertir, il est à peine sage de compter sur sa persévérance. Nos lettres édifiantes racontent, à ce sujet, une histoire dont la conclusion tragique est navrante pour le cœur du missionnaire.

Un jeune Turc de Damas, âgé d'environ treize ans, captif de guerre, avait été donné par les chevaliers de Malte à un seigneur espagnol, qui l'avait pris en affection, l'avait conduit en Espagne, lui avait enseigné la religion chrétienne, et l'avait amené à faire l'abjuration de ses erreurs.

A quelques années de là, conduit en Flandre par son bienfaiteur, ses bonnes qualités et ses dispositions pour la guerre firent obtenir au jeune converti le commandement d'une compagnie de cavalerie dans l'armée espagnole. Il prit à Bruxelles ses quartiers d'hiver, et fut admis avec distinction dans les meilleures sociétés. Il fréquentait surtout l'hôtel d'une riche Hollandaise, venue pour quelque temps, avec sa fille, d'Amsterdam en Belgique ; et les deux dames, fort bonnes catholiques, aimaient à recevoir un jeune officier dans une position si digne d'intérêt, en qui, d'ailleurs, elles remarquaient de l'esprit, de la sagesse, une politesse exquise et une conduite fort réglée.

L'intimité en vint à ce point qu'on osa parler de mariage. Le capitaine avait alors vingt-cinq ans. Il possédait à un très haut degré l'estime de ses collègues, et son mérite croissant laissait présager une haute fortune. Le cœur de la jeune fille céda facilement ; la mère s'estima flattée, et des noces magnifiques furent célébrées aux applaudissements de la ville entière. Sept années s'écoulèrent dans le bonheur. La naissance d'un fils vint, alors, augmenter la joie commune, et pendant trois ans encore la dame hollandaise put jouir de cette fortune inespérée.

Or, le brillant cavalier parlait souvent à sa jeune femme du pèlerinage de Jérusalem. Il manifestait le plus ardent désir d'adorer le tombeau du Sauveur, laissait entrevoir les charmes du voyage, excitait l'imagination de sa compagne, mais surtout lui recommandait le secret, de peur d'attrister leur vieille mère par la pensée d'une séparation. Il sut si bien couvrir son projet des apparences de la dévotion, qu'une nuit, la confiante épouse se laissa conduire avec son enfant, sur un vaisseau hollandais, et chanta gaiement le cantique du pèlerin de Terre-Sainte.

Mais pendant que la pauvre mère pleurait une évasion dont elle ignorait le motif et le terme, voilà que le vaisseau se voit attaqué, sur la côte d'Afrique, par des chaloupes barbaresques, et qu'au lieu de se défendre avec le reste de l'équipage, le chevalier espagnol demande au chef des pirates une entrevue mystérieuse, à la suite de laquelle il déclare son projet de passer sur le bord ennemi avec tout ce qu'il possède. Grand est l'étonnement de la jeune femme ; plus grande encore se manifeste sa répugnance à accepter l'hospitalité des musulmans. Mais son odieux mari lui fait entendre qu'ils arriveront plus tôt et plus sûrement à Jérusalem, objet de leurs désirs. Elle presse son enfant dans ses bras, et se livre, sans arrière-pensée, à celui auquel elle a donné sa foi.

Bientôt la terre se montre, et sur le rivage une ville apparaît, mais ce n'est point la Terre-Sainte, ni Jaffa ; c'est Alger, la forteresse des ennemis du nom chrétien. On débarque, on s'installe, sans qu'un soupçon traverse l'esprit de la victime. Cependant elle remarque je ne sais qu'elle intimité entre son mari et les barbares ; elle croit même l'avoir vu entrer avec eux dans la mosquée. Alarmée pour une foi qu'elle s'imagine être sincère, elle demande et obtient de se rembarquer promptement. Une autre terre se découvre ; hélas ? encore une terre infidèle, celle de l'Egypte ; et le vaisseau entre à pleines voiles dans le port d'Alexandrie. Là, nouveaux rapports du mari avec les mahométans, nouvelle fréquentation de la mosquée. Le doute n'est plus possible. Consternée, la jeune hollandaise laisse échapper d'affreux sanglots et passe plusieurs jours dans les larmes sans exprimer autrement sa douleur. Le renégat comprend alors l'impossibilité de dissimuler davantage, confesse la triste vérité, le vrai motif de sa sortie de Bruxelles, la fausseté de ses ardeurs pour Jérusalem, et sa volonté de se fixer en pays infidèle. Mais, comme il conservait pour sa femme autant d'estime que de tendresse, il lui proteste qu'elle aura partout le libre exercice de sa religion, que lui-même s'efforcera uniquement de rendre sa vie heureuse, et il lui promet de la mettre en possession d'un grand héritage dans le pays de sa naissance. La pauvre femme écoute ce discours sans trouver la force de répondre un seul mot. Mais quelles pensées plus affligeantes les unes que les autres agitent son âme ! Elle se voit tout à coup la femme d'un Turc, bannie de sa patrie, obligée de passer le reste de ses jours dans une nation dont les mœurs, les coutumes, la religion sont tellement opposées à ses habitudes de jeunesse !

Toutefois, après quelques jours des plus affligeantes réflexions, elle croit devoir s'abandonner aveuglément à la Providence, toujours bonne pour les âmes fidèles. Elle se laisse conduire par celui qu'elle avait cru jusque-là son meilleur guide et qui, de fait, redoublait d'attention pour lui plaire et adoucir ses chagrins. Elle passe d'Egypte en Syrie, et vient à Alep, où le Turc avait des connaissances.

Son histoire, devenue publique à Alexandrie et au Caire, était déjà parvenue dans cette ville. Si tôt qu'elle y fut arrivée, elle devint l'objet de la curiosité publique, et, bientôt son mérite personnel excita la compassion universelle. Les catholiques s'empressèrent autour d'elle, et elle put espérer un moment des jours moins tristes. Mais elle n'était pas au bout de ses malheurs. Le bruit s'étant répandu que le nouvel arrivé avait apporté avec lui beaucoup d'or et d'argent, des scélérats conçurent le dessein de l'en dépouiller. Un jour, on trouva le Turc assassiné dans sa chambre. Qu'on juge de la consternation de cette pauvre veuve ! Seule avec son fils, la voilà dépourvue de tous biens dans une terre étrangère, sans savoir que devenir. Heureusement Dieu veillait sur elle. Des femmes Maronites, de passage à Alep, l'engagèrent à les suivre au mont Liban, lui assurant un asile au milieu des chrétiens. Elle vint, en effet, à Antoura, où les Jésuites la connurent et furent assez heureux pour lui procurer le moyen de retourner dans sa patrie.

Dieu me garde de tirer de ce fait un argument contre sa miséricorde. Moins qu'un autre, le missionnaire désespère jamais de la conversion des infidèles. J'élève seulement un doute. Lorsque le laboureur jette ses semences sur la terre, il se demande si la sécheresse n'empêchera pas le grain de germer, ou si l'orage ne détruira pas sa moisson jaunissante ; et cependant il se met au travail, en comptant sur la Providence.

Saint Ignace de Loyola, d'abord page élégant à la cour d'Espagne, plus tard vaillant capitaine, enfin fondateur de la Compagnie de Jésus, avait appris à connaître la perversité des Maures qui infestaient son pays. Or, avec l'approbation des souverains Pontifes, il déclara la qualité de juif et de mahométan, empêchement essentiel à l'entrée dans son ordre. Depuis lors, pendant trois cents ans, de tristes expériences sont venues justifier la sagesse du fondateur.

Au reste, je l'ai dit et je le répète, je suis le premier à me réjouir de la noble conduite de Mgr le Patriarche de Jérusalem à l'égard des mahométans de Naplouse. Et quand son prêtre ne ferait qu'offrir, tous les jours, le saint sacrifice et faire descendre Notre-Seigneur parmi les infidèles, ne serait-ce rien ?

Un jour, passant à Constantinople, je fus invité par les sœurs de Saint-Vincent de Paul à célébrer la messe chez elles. C'était après la prise de Sébastopol. Je revenais de la Crimée avec le maréchal Pélissier. Au lieu de me conduire dans leur église, les religieuses me firent monter sur la terrasse, au-dessus de leur maison. J'y trouvai une petite chapelle de la sainte Vierge. L'autel était disposé de telle sorte qu'en se retournant pour souhaiter au peuple la paix et la bénédiction du Seigneur, le prêtre voyait à ses pieds, par-dessus les voiles blancs des religieuses prosternées, la ville tout entière, le Bosphore, les étendards et le croissant de la Turquie, la multitude des infidèles qui traversaient le Bosphore sur des barques légères, et les rivages de l'Asie infidèle. — « Vous venez de faire la guerre pour la conservation matérielle des Turcs, me dit la bonne supérieure ; nous avons aussi notre guerre contre la Turquie. Nos armes sont la prière, et nous avons élevé ce sanctuaire pour que l'image de Marie Immaculée dominât la cité de Mahomet. Notre Vierge s'appelle Notre-Dame des Turcs. » — Je dis la messe devant l'image de celle qui ne repousse aucune nation. Nous demandions ensemble la conversion des infidèles ; et, du fond des harems, les malheureuses odalisques ont pu entendre les cantiques des vierges chrétiennes en l'honneur de leur Reine.

Que le règne de Dieu arrive, et que sa volonté soit faite à Naplouse et à Constantinople! je le demande du fond de mon âme.

En attendant, les huit mille habitants farouches et grossiers de la ville infidèle, ses bazars infects, son petit commerce de coton, d'huile et de savon, n'ont rien de séduisant, et nos jeunes amis n'éprouvent aucun désir d'y fixer leur tente. Peut-être même y aurait-il certains inconvénients à séjourner trop longtemps parmi cette race de brigands.

N'est-ce point ici que se passa l'aventure d'un grenadier du général Bonaparte? Pressé par la faim, notre grognard entra, dit-on, dans une maison, et, ne sachant comment exprimer en arabe son vif désir d'avoir des œufs, il imagina de recourir à la pantomime. Le voilà donc torturant son gosier pour lui faire produire le cocorico des coqs ou le gloussement de la poule, et agitant ses deux gros bras pour imiter le mouvement des ailes. Vains efforts, le paysan ne comprend pas, ou feint de ne pas entendre ; alors mon grenadier de recommencer de plus belle ses cocoricos et ses gloussements. De plus en plus inutile ; pas plus de succès. Impatienté enfin, le soldat ferme son poing et en applique un vigoureux coup dans la poitrine du pauvre homme, en criant : Bêta. — Or, *beda* veut dire œuf en arabe. Le paysan ne remarque pas le changement du *t* en *d*. — *Beda*, s'écrie-t-il, *fi beda* ! des œufs, il y a des œufs ; — et il court en chercher. — C'est singulier, dit alors en lui-même le grenadier qui ne se doutait pas d'avoir parlé arabe, ces hommes n'entendent pas quand on leur parle honnêtement, et leur intelligence s'ouvre quand on les appelle bêtes. — Son procédé lui avait réussi par bonheur, mais je ne conseillerais à personne d'en essayer avec les Naplousins. Au lieu d'un œuf, ils seraient capables de présenter un scorpion ; au coup de poing ils répondraient par un coup de fusil. Définitivement, ne séjournons guère parmi eux. La forte chaleur est passée ; profitons-en pour aller visiter Hébal, Garizim, et le tombeau de Joseph, et le puits de Jacob dans la vallée de Sichem.

IV

LE GARIZIM

Un joli ravin, une fraîche verdure, un gracieux paysage nous invitent; et nous montons doucement le long des flancs du Garizim. Tout à coup, une gorge aride et pierreuse, un sentier fortement incliné, un sol raboteux et sauvage se présentent comme un obstacle. A terre, cavaliers; ressanglez vos chevaux; regardez de près à votre équipement. Voici un vigoureux coup de collier, un violent assaut à donner. Si une sangle venait à se rompre, un étrier à casser, votre selle à tourner, vous seriez précipités, en grand danger de perdre la vie.

Une fois de plus, nos anges gardiens ont veillé sur nous. Voyez-vous, sur le point culminant de la montagne, tous ces chevaux fumants et couverts d'une légère écume; ils ont vaillamment fait leur devoir; pas un n'a bronché; leurs cavaliers joyeux les flattent de la main. Nous sommes tous au sommet du Garizim.

S'il est nu du côté par lequel nous l'avons abordé,

en revanche, le revers occidental de ce roi de la contrée se montre couvert de bois, qui se rattachent à la forêt de Césarée.

D'après les vieilles traditions, trois cent soixante-cinq fontaines jaillissent de ses flancs, descendent en cascades le long de ses pentes avec un doux murmure, et, réunissant dans la vallée de Sichem leurs eaux vives et limpides, se répandent comme une bénédiction, à travers la contrée, avant d'aller se confondre enfin dans les flots du miraculeux Jourdain. Sans nous porter garant du chiffre de trois cent soixante-cinq, nous constatons l'existence de la multitude des sources échappées des profondeurs de l'Hébal et du Garizim, et de la fertilité des terres qu'elles arrosent.

Moins régulier et moins élevé que le Thabor, le Garizim repose sur une base plus large, et il a l'avantage de dominer toute la Samarie. N'eussions-nous gagné à notre ascension qu'une vue d'ensemble sur le pays, nous n'aurions point à regretter nos peines. Il est triste et maussade pour le voyageur d'être réduit à se rendre compte des régions qu'il parcourt, en tirant des lignes et en promenant un compas sur une carte de géographie; mieux vaut mille fois s'élever, gravir les hauteurs, atteindre les sommets, et, comme l'aigle, planer en quelque sorte sur la vaste étendue des terres avant d'y poser son pied. Ainsi nous avons fait aujourd'hui. Vers le midi, nos yeux se reportent aux montagnes d'Éphraïm, qui nous cachent Jérusalem, et nous confions à la brise une parole d'adieu pour la ville-sainte. A l'est, la plaine de Makhnak et les hauteurs rocheuses le long desquelles le Jourdain trace violemment son passage. Du côté de l'ouest, encore un prolongement des montagnes d'Ephraïm, et la plaine de Saron, et les flots bleus de la Méditerranée. Au nord, les cimes neigeuses du grand Hermon nous invitent à saluer Nazareth *la Gracieuse*.

Nul assurément n'ignore le nom de Samaritain qui se rattache au Garizim, la mémoire en est restée à tous parmi les souvenirs bibliques de la première enfance ; mais peu de personnes se doutent que la race antique des ennemis de Judas est une tige vivace qui pousse aujourd'hui encore ses rejetons sur la terre d'Israël. Or, dans la ville même de Naplouse, que nous visitions ce matin, il nous a été donné de la reconnaître dans la famille des Juifs Caraïtes.

Parmi les endroits curieux de la cité, notre guide nous avait conduits à la synagogue, pour y voir une antiquité fameuse. C'était un pentateuque écrit, selon les rabbins, par Abiscua, fils de Phénées. Les caractères en sont phéniciens ou samaritains, les lettres tellement serrées les unes contre les autres, sans alinéas ni ponctuation, qu'on croirait à un seul mot fantastique tracé sur une bande de parchemin. Pour le vulgaire, le seul intérêt de cet objet antique est la façon imaginée pour suppléer à la reliure. Chacune des extrémités de la bande sans fin est fixée à un rouleau de bois, dressé verticalement sur une planche. A mesure qu'on a lu la première colonne, qui répond à une de nos pages, on tourne le rouleau de gauche; la page déjà parcourue s'enroule sur le bois, et le rouleau de droite, cédant au mouvement de traction, laisse glisser la seconde colonne; système ingénieux, mais singulièrement incommode pour celui qui ne veut pas lire d'un trait, et se voit forcé, par exemple de dérouler tout le volume pour vérifier une citation à la dernière colonne. La haute antiquité du manuscrit reste incontestable. Cependant la science n'admet pas l'origine presque fabuleuse assignée par les Samaritains : elle ne suppose pas le livre plus ancien que le schisme, elle le fait contemporain de Manassé, frère de Jaddus, quatre cent vingt ans avant Jésus-Christ. Ce qui lui donnerait deux mille deux cent quatre-vingt-six ans d'existence.

Au fond d'une salle blanchie à la chaux, ornée seulement de quelques lampes suspendues à la voûte, derrière un rideau vert destiné à séparer le Saint des saints de la place des profanes, entre deux cierges allumés, on nous avait ouvert, effectivement une armoire à deux portes d'argent, derrière laquelle le trésor nous était apparu.

Or, la synagogue et son pentateuque sont la propriété des Juifs Caraïtes, et je ne sais quel est le plus curieux de l'antiquité du livre ou de celle de ses possesseurs.

Cette espèce de tribu est unique dans le monde. Jamais elle ne quitta Naplouse, et nul de ses membres ne s'allia à un étranger. Son origine remonte à l'année sept cent vingt-et-un avant Jésus-Christ. A cette époque, Salmanazar, ayant emmené les habitants de Sichem en captivité, imagina de les remplacer par des populations idolâtres envoyées de Babel, de Cauth, d'Ava, de Hamath, et de Sepharvajem. Les nouveaux venus, mêlant au culte de Jéhovah celui de leur patrie lointaine, firent un affreux mélange d'erreurs et de vérités, que l'on désigna sous le nom de religion samaritaine. Au retour de la captivité de Babylone, forts d'une possession de soixante-dix ans, ils s'étaient crus en droit d'entrer de moitié avec les Juifs dans la reconstruction du Temple ; mais, les enfants d'Abraham n'ayant pas voulu reconnaître leurs prétentions, une haine irréconciliable, violente, implacable, était devenue le prix de cette insulte. Vers cette époque, le frère du grand-prêtre Jaddus, chassé de Jérusalem pour avoir épousé la fille du satrape de Samarie, était venu augmenter le trésor de colère accumulé contre le royaume de Juda : aussi la fureur ne connaissait-elle pas de bornes. On se voyait exclu du temple élevé sur le Moriah ; on résolut d'en édifier un autre au sommet du Garizim. Sanaballète, le satrape, en fit une affaire d'honneur ; et le monument du Garizim s'éleva, rival de celui de Jérusalem, pour la richesse, la forme et la beauté.

Les Juifs insultés rendirent haine pour haine. Rien n'égalait leur mépris pour les adorateurs du Garizim, excepté peut-être l'animosité de ceux-ci contre la postérité de Jacob. Le juif convaincu d'avoir pour ami un samaritain méritait l'exil. Manger une bouchée de pain avec l'enfant de Samarie était chose aussi grave que d'avoir goûté de la viande de porc ; accepter de lui un service quelconque, en recevoir un verre d'eau constituait un délit. Nul samaritain n'avait le droit d'hériter en Judée ; son témoignage restait sans valeur ; on lui refusait l'hospitalité ; et tandis qu'on accueillait au Temple les offrandes des païens, on repoussait les oblations du samaritain. Une seule relation se conserva entre les deux peuples : le juif cupide prêtait de l'argent aux Samaritains, moyennant une usure abusive.

On raconte des traits adroits de la vengeance des habitants de la vallée de Sichem. Ainsi, lorsque le haut sanhédrin de Jérusalem avait indiqué le retour de la lune pascale, les Juifs avaient coutume de l'annoncer à leurs frères par de grands feux allumés sur les hauteurs, depuis la montagne des Oliviers jusqu'à l'Euphrate ; or, un jour, les Samaritains s'avisèrent de faire briller les feux de la nouvelle lune deux semaines à l'avance, et répandirent ainsi une telle confusion en Syrie et en Babylonie, que Jérusalem fut obligée de renoncer à ces signes télégraphiques, et d'envoyer des courriers avec des lettres closes. Une autre fois, vers la onzième année de Notre-Seigneur, d'habiles Samaritains, un jour de Pâques, s'y étant pris de bonne heure, souillèrent le portique du Temple en y jetant des ossements humains, en sorte que les prêtres durent s'abstenir d'y entrer ce jour-là. Il n'est, en un mot, sorte de représailles dont les Juifs n'eussent à souffrir de la part de Samarie.

Or ces haines envenimées, ces disputes sans fin devaient amener forcément une catastrophe. Trop longtemps, Samarie s'était faite le rendez-vous des armées Syriennes en marche contre Jérusalem ; il fallait en finir. On résolut de s'en rapporter à un arbitrage suprême. Le roi d'Égypte, Ptolemée-Philomètor fut pris pour arbitre. On lui envoya, des deux parts, un pompeux cortège d'ambassadeurs, avec cette condition singulière que les représentants de la nation condamnée seraient mis à mort, sans autre forme de procès. Le roi jugea en faveur de Juda ; et les députés samaritains subirent la peine capitale. Ce qui devait amener la paix raviva les colères. Samarie s'insurgea, de plus en plus, contre la métropole. Elle fit tant, que le roi Jean Hircan, après un long siège, en dépit d'une résistance énergique, soumit aux Juifs les Euthéens et détruisit de fond en comble Sichem et le temple de Garizim. Depuis lors, la désolation n'a cessé de régner sur les ruines du sanctuaire idolâtre, qui ne se releva jamais. A l'époque de la guerre des Juifs, le Garizim devint comme un immense autel expiatoire. Les Samaritains s'y étant réfugiés, le général romain Céréalis les y força, leur tua onze mille six cents hommes, et chassa devant lui, comme un troupeau impur, tous les hommes survivants, qu'il vendit, aussi bien que les femmes et les enfants.

Deux mille ans ont passé sur ces ruines ; mais l'indomptable Samaritain n'a cessé de les vénérer. Réduit à la proportion d'une tribu microscopique, quatre cents âmes à peu près, il a encore foi en lui-même et dans l'avenir. Lui aussi attend toujours le Messie promis à la terre ; et, chaque année, il gravit la montagne sacrée, campe ici, sous des berceaux de feuillage, et adresse sa prière au ciel, le visage tourné vers l'Orient.

Cependant le petit nombre de ses frères, toujours décroissant, l'épouvante et l'inquiète ; se sentant mourir, il interroge avec angoisse l'étranger venu des pays lointains, lui demande s'il a rencontré ses frères dans ses voyages, en quels lieux ils habitent, comment s'y prendre pour leur envoyer dire de venir en hâte se joindre à lui, afin de garder à sa place le tombeau de leurs pères, et de ne pas laisser la sainte montagne sans adorateurs. Son grand Rabbin prétend descendre en ligne droite d'Aaron, frère de Moïse. Si ses parchemins sont en règle, je ne connais au monde famille princière capable de rivaliser avec lui.

Les ruines amoncelées autour de nous mériteraient des études approfondies. Elles nous révèleraient sur les antiquités de ce peuple étrange des secrets intéressants. Malheureusement, nul jusqu'ici n'a osé les faire parler. Le pays n'est point assez sûr pour y autoriser un séjour prudent. On l'évite, ou bien on le traverse à la hâte. Sur un monticule défendu par des broussailles revêches et des pierres aiguës, deux vastes enceintes quadrangulaires, formées de gros blocs taillés en bossage, accusent à nos yeux le travail des anciens. Des tours marquent les angles. Les débris d'une construction octogone gisent dans le milieu. M. de Saulcy voit dans ces décombres la main des ouvriers de Sanaballète. La tradition samaritaine repousse cette idée. Elle a horreur de ce lieu comme d'une caverne peuplée de tigres et de serpents : elle l'appelle El-Cahla, c'est-à-dire la forteresse. Effectivement, lorsque Naplouse fut devenue chrétienne, lorsqu'elle eut l'honneur de posséder un siège épiscopal, dont les prélats figurèrent aux conciles d'Ancyre, de Nicée et de Jérusalem, les Samaritains s'étant révoltés, les chrétiens les chassèrent du mont Garizim, élevèrent une église à la Vierge sur la colline sacrée, et obtinrent de Justinien, en 487, la construction d'une forteresse pour protéger le sanctuaire. Les Samaritains pourraient donc bien avoir raison. L'avenir jugera sans doute entre cette affirmation d'un savant et la tradition. Toujours est-il que, de nos jours, le lieu saint des modernes Samaritains, *leur Kibblah*, celui où ils ne marchent que nu-pieds, se trouve un peu plus loin, dans la direction du sud, au pied du monticule ; on y voit l'autel destiné à faire rôtir l'agneau pascal, selon les prescriptions mosaïques, et l'auge où l'on brûle les restes du repas. Je ne puis quitter ce peuple maudit, sans reposer mon cœur sur un souvenir intéressant. Il est évidemment la preuve que, si Dieu châtie le Juif coupable, sa miséricorde sait bien arracher à l'abîme, fût-ce même par une sorte de prodige, celui dont le cœur est droit et sincère.

C'était à Paris, en 1864 ; j'entends frapper à la porte de ma chambre, et je vois entrer un jeune étranger, de trente ans environ. Il voulait me parler, mais j'avais précisément chez moi un écrivain auquel j'avais donné rendez-vous pour la revue d'une partie de son ouvrage. J'expose à l'étranger mon embarras ; cependant il insiste, tire de sa poche un billet d'aller et retour par le chemin de fer, m'explique qu'il est arrivé de Londres le matin, qu'il repart ce soir, et qu'une affaire de conscience l'oblige à me parler. « Revenez donc dans trois quarts d'heure », lui dis-je, et je le congédiai honnêtement. Or, il était deux heures et demie du soir, et le pauvre solliciteur devait monter en wagon à six heures. Au moment fixé, il est de nouveau chez moi. Je le fais asseoir, et quel n'est pas mon étonnement de le voir ouvrir la conversation par ce préambule :

« Mon père, je suis juif ; je viens d'Amérique pour me faire baptiser. J'ai frappé à la porte de votre maison ; j'ai demandé un père, le premier venu, car je ne connaissais personne. Votre portier m'a indiqué le numéro d'une chambre ; j'y suis allé ; mais le père avait son chapeau à la main ; il fermait sa porte pour sortir. Il m'indique le numéro suivant ; le second père avait du monde chez lui. Ainsi éconduit de porte en porte, je me retrouve chez le portier, qui, voyant ma peine, m'indique la chambre d'un missionnaire, qui n'est point ici pour l'exercice du ministère, mais qui me recevra peut-être, à cause de mon embarras. C'est ainsi que la Providence m'a conduit chez vous. Me voilà ! voulez-vous me baptiser ? je pars à six heures, comme j'ai eu l'honneur de vous le dire ; il faut auparavant que je repasse au ministère pour prendre des dépêches ; je suis donc bien pressé ; je vous en prie, faites-moi chrétien. »

Étonné, comme on peut le croire, je me hâtai de provoquer de plus amples explications. La diction assez pure de mon interlocuteur était fortement accentuée à l'anglaise, son ton d'une naïveté touchante ; il était le second d'un navire marchand employé dans le blocus américain, presque militaire par conséquent, et certainement très militant dans cette guerre d'extermination.

« Or, un jour, dit-il, que le navire était battu par la plus violente des tempêtes, et qu'aux fureurs de la mer se mêlaient, conjurant contre nos vies, les torrents de la mitraille ennemie, la pensée de l'éternité s'empara fortement de mon âme, et je fis vœu de me faire baptiser, si j'échappais au danger. J'aime beaucoup Celle que vous appelez la sainte Vierge ; aussi avais-je bien envie de lui adresser mon vœu, mais je songeai que Dieu seul y avait droit, *et je fis alors presque vœu à la sainte Vierge et tout à fait à Dieu*. Je fus sauvé, et ma première action, en descendant à terre, fut d'aller demander le baptême à l'évêque le plus voisin. Mais le prélat voulait avoir le temps de m'éprouver, et, dans notre terrible guerre, il était impossible d'espérer un congé. Force m'était de me retirer sans baptême. Or, le prélat ne m'avait pas trouvé instruit, et, voulant à tout prix arriver à l'accomplissement de mon vœu, je m'efforçai de chercher l'instruction requise. Dans les moments de relâche, j'appelais des matelots irlandais, et, sous prétexte d'une conversation banale, je les interrogeais sur les principaux mystères chrétiens, et en même temps, dans ma tête, je faisais ce raisonnement : Si les évêques ne veulent pas me baptiser, j'irai à Rome le demander au Pape. — Mais comment trouver le temps d'aller à Rome? — Sur ces entrefaites, on demande un capitaine et son second de bonne volonté pour passer à Liverpool et ramener un navire acheté récemment par le gouvernement du Sud. Je me présente, et j'arrive en Angleterre, bien persuadé que le bâtiment ne sera pas prêt, et que j'aurai le loisir d'exécuter mon dessein en l'attendant. Mais, à mon grand désappointement, à peine débarqué, je reçois l'ordre de me tenir prêt à partir dans les quarante-huit heures. Comment faire ? Il y a, cependant, des dépêches à prendre à Paris ; le capitaine ou moi devons y aller. J'obtiens sans peine d'être désigné, et je pars en me disant : Peut-être les Jésuites de Paris consentiront-ils à me baptiser. C'est ainsi que je suis devant vous, mon père. Maintenant, mon sort est entre vos mains.

En entendant ce récit, plusieurs doutes m'obsédaient, et je ne sais quoi cependant me rappelait le diacre Philippe transporté vers l'eunuque de la reine d'Éthiopie, et je me sentais poussé à croire que, transposant les personnes, l'ange, cette fois, m'annonçait un élu des lointains rivages de l'Amérique.

« Mais, mon enfant, lui dis-je, je vous répondrai comme l'évêque américain ; il me faudrait le temps de vous éprouver et de vous instruire. »

Alors le dialogue suivant s'établit entre nous :

« Mon père, quand je me suis présenté à l'évêque, je ne savais rien, et je n'ai pu répondre ; mais aujourd'hui, le peu que j'ai appris à la volée me donne quelque courage. En danger de mort, je le sais, le premier venu peut être baptisé sans examen. Or je suis engagé dans la guerre d'Amérique. Dangers de la terre, dangers de la mer menacent nuit et jour, Voyez si je n'ai pas droit à la grâce du sacrement ?

— Eh bien, mon enfant, connaissez-vous au moins ce sacrement ? Quel effet produirait-il en vous, si je vous le conférais ?

— Mon père, il me ferait chrétien et me donnerait le droit d'entrer au ciel. Sans lui, on n'y va pas.

— Bien ; mais vous avez dû offenser le bon Dieu, depuis trente ans que vous vivez hors de l'Église. Croyez-vous aller au ciel avec vos péchés ?

— Ah ! pour mes péchés véniels, je sais que le baptême me le remettra.

— Passe ! mais les péchés mortels, qu'en ferez-vous ?

— Je m'en confesserai.

— Vous confesser, c'est facile à dire ; mais qu'est-ce que se confesser ?

— Mon père, c'est dire tout ce qu'on a pensé et tout ce qu'on a fait.

— Eh bien, auriez-vous le courage de me dire, sans rien me cacher, tout ce que vous avez fait et pensé, depuis l'âge de raison ?

— Oui, mon père ».

Quand j'eus obtenu cette preuve de courage et

de générosité, j'expliquai au néophyte l'efficacité merveilleuse du baptême pour la rémission des péchés ; ensuite je continuai à l'interroger et à l'instruire. Il me faisait les réponses les plus candides et leur naïveté était en sa faveur. Ainsi, je lui dis brusquement pour le tenter :

« Qu'est-ce que la Messe ?

— A cela, mon père, me répondit-il, je ne puis donner une explication bien nette. Je sais qu'à la messe il y a le corps, le sang, l'âme, et la divinité de Jésus-Christ, sous les espèces du pain et du vin, mais je n'ai jamais pu comprendre comment cela se fait. J'ai cependant beaucoup essayé d'y parvenir, car je me disais qu'il fallait au moins prendre la peine de comprendre ma religion, et je n'y suis point arrivé. Alors je me suis fait ce raisonnement : Si ce n'était pas vrai, le Pape, les évêques et les prêtres ne l'enseigneraient pas ; je le croirai donc d'abord, et on me l'expliquera ensuite. »

J'admirai la foi de cet élu, je lui expliquai ce que c'était qu'un mystère, et je me convainquis, de plus en plus, de la bonne volonté de mon disciple. Alors, je me levai, et je lui dis : « Tenez-vous debout ; et jurez que vous n'avez aucun intérêt humain à demander le baptême. »

A cette apostrophe, il répondit par un regard d'étonnement naïf, qui m'alla au cœur.

« Et lequel pourrais-je avoir ? s'écria-t-il avec tristesse.

— N'importe ! la chose que vous demandez est grande, et la manière dont je vous l'accorderai, peut-être, est inusitée..... Levez-vous, jurez ! »

Il le fit avec gravité.

« Eh bien, lui dis-je, en vertu des pouvoirs particuliers qui me sont conférés, je vais vous conduire à la sacristie, où je vous baptiserai. »

Son front rayonnait de bonheur. En traversant un long corridor, je lui dis : « Il vous faut deux témoins ; j'appellerai les deux sacristains ; ils sont vêtu en laïques, mais ce sont deux jésuites comme moi.

— Ah ! ah ! fit-il en souriant avec un air d'arrière-pensée, si ce sont des jésuites, j'ai confiance.

— Et qui vous donne cette confiance dans les jésuites ? On en dit tant de mal.

— Précisément, reprit-il, j'y ai confiance à cause du mal qu'on en dit. Tout à l'heure, en arrivant à Paris, j'ai dit à un cocher de fiacre : Conduisez-moi chez les Jésuites. — Il m'a mené dans une maison ecclésiastique. J'ai demandé au portier de me conduire à un père. Il l'a fait. Mais, chemin faisant, un doute m'est survenu, je l'ai prié de me dire si j'étais bien chez les Jésuites. — Non, m'a-t-il répondu. — Alors, en moi-même, je me suis demandé si j'avais entendu les juifs, les protestants et les mauvais catholiques parler en mal de ceux chez lesquels j'étais. Je ne m'en souvins pas ; et je fis cette réflexion : Peut-être sont-ce de mauvais prêtres ; car généralement on dit du mal des bons. On en dit plus contre les Jésuites que contre les autres, ils doivent être les meilleurs. Et de peur d'être mal baptisé, j'ai salué le frère, et l'ai prié de m'indiquer votre maison. — Je n'eus pas de peine à persuader à ce jeune homme qu'il s'était trompé dans son appréciation sur les prêtres honorables auxquelles il avait été adressé ; je le conduisis à la sacristie ; je le baptisai sous le nom d'Eugène, et puis il se jeta à mon cou dans un élan de bonheur. Cependant, sur le point de me quitter, il tenait sa main dans sa poche, avec un air d'embarras visible ; enfin il me confia qu'il voulait faire une aumône et qu'il me priait de m'en charger. Je n'eus garde d'accepter. A mon tour, je lui déclarai que j'inscrirais son baptême sur les registres de l'archevêché, et que j'allais lui en donner un témoignage écrit.

« Et qu'en ferai-je ? me dit-il ; je désirais le baptême pour mon bonheur personnel, je suis sûr de l'avoir; qu'on en croie ce qu'on voudra, cela m'est égal.

Je lui expliquai cependant qu'il pourrait avoir à en faire la preuve, pour un mariage par exemple, et je lui donnai un certificat.

Mais j'étais heureux de ce témoignage inattendu que sa démarche n'était point une spéculation honteuse, comme en font tant de juifs. Nous nous embrassâmes affectueusement ; et depuis, je ne l'ai pas revu. Peut-être aura-t-il succombé à la balle ennemie, ou bien les flots entr'ouverts en auront fait leur proie.

Ah ! que beaucoup de cœurs aussi droits s'ouvrent à la grâce parmi cette malheureuse nation juive, et Dieu ne leur manquera pas. C'est mon vœu longtemps réitéré en visitant la Terre sainte, et je le renouvelle, du fond de mon âme, pour les juifs de Naplouse, sur cette montagne du Garizim, objet de tant de vénération.

V

UNE SOIRÉE A SICHEM.

Entre Hébal et Garizim, la vallée de Sichem n'est pas seulement un lieu poétique ; son nom est une histoire et rapelle les plus gracieux souvenirs.

Au témoignage de la tradition confirmée par les Actes des Apôtres, les douze patriarches du peuple d'Israël y furent ensevelis dans le champ acheté par Jacob aux enfants d'Hémor, père de Sichem pour sa propre sépulture. Les Samaritains prétendent également y posséder les cendres des soixante-dix anciens d'Israël, tels que Jéthro, Josué, Caleb, Eldad, et Médad, aussi bien que les prophètes Eléazar, Elisée, Abdias, et Jean-Baptiste lui-même.

Nous nous y promenons, ce soir, au retour de notre ascension du Garizim, et, en attendant le souper auquel nous convie un des riches habitants du pays, nous nous reposons ; nous échangeons de gais propos ; surtout nous donnons l'essor à notre imagination, mollement étendus que nous sommes sur le gazon, caressés par une brise tiède et embaumée, parmi ces gras pâturages, où nous transporta souvent notre imagination enfantine, lorsque nos parents nous racontaient la touchante histoire du onzième fils de Jacob, vendu par ses frères.

Joseph, encore enfant, dans sa seizième année, avec la jolie tunique de diverses couleurs que lui avait donnée son vieux père, gardait ici les troupeaux lorsque Jacob lui ordonna d'aller voir si tout était bien parmi ses frères. C'est de Sichem qu'il passa en Dothaïn ; et ce fut en Dothaïn que l'enfant privilégié du père des tribus d'Israël, le fils aîné de la belle Rachel, fut d'abord descendu dans une citerne pour y mourir de faim, et puis vendu à des marchands Ismaëlites par ses frères, qui le haïssaient à cause de sa pureté.

Que d'émotions cette touchante histoire ne souleva-t-elle pas dans notre jeune âme ? N'avons-nous pas intérieurement condamné le candide enfant, lorsqu'il racontait, avec simplicité, le songe prophétique où, pendant qu'il croyait lier des gerbes avec son père et ses frères, il vit la sienne se tenir debout et toutes les autres l'entourer et l'adorer ; et cet autre où le soleil, la lune et onze étoiles parurent se prosterner devant lui ? — N'avons-nous pas approuvé cette réponse de ses frères : Est-ce que tu prétendrais être un jour notre roi — Et le reproche du vieux Jacob ? Est-ce que moi et ta mère, et tes frères, nous t'adorerons sur la terre ? — N'avons-nous pas cru le fils de Rachel à jamais perdu, lorsque nous avons vu ses frères l'enfermer dans une citerne et le vendre aux marchands qui allaient en Égypte ? Nos craintes n'ont elles point augmenté, en le voyant condamné pour un crime dont il était innocent, jeté et oublié en prison ? Et cependant les persécutions intentées contre lui, étaient, dans les desseins de Dieu, la voie mystérieuse qui le menait aux honneurs, à la fortune, au pouvoir. Oh ! comme l'histoire de Joseph inspire la confiance dans la Providence de Dieu ! Comme elle est faite pour consoler le juste au millieu de l'épreuve !

Seul, étranger, sous le poids d'une condamnation infâmante, il est menacé de terminer ses jours, lui si jeune et si pur, dans l'humiliation et dans l'opprobre. Et voilà que deux malheureux viennent augmenter le nombre des prisonniers. Ce sont des eunuques de distinction, le premier grand échanson, le second grand panetier du roi. Quel rapport entre cet événement et la délivrance de l'innocent captif ? Et cependant, voyez les jeux de l'admirable Providence ! tous les deux ont un songe durant la nuit. Le grand échanson voyait une vigne ; et la vigne avait trois branches ; et sur ces trois branches se formaient des boutons ; et les boutons s'épanouissaient en fleurs ; et les fleurs se changeaient en grappes ; et l'échanson pressait les grappes dans la coupe royale, et il présentait la coupe au roi. — Et le grand panetier portait trois corbeilles sur sa tête, et dans la troisième placée sur les deux autres, il y avait des gâteaux tels qu'on a coutume d'en faire pour les rois. Et les oiseaux du ciel vinrent, et il mangèrent les gâteaux. — Or, comme les deux prisonniers désiraient vivement l'explication de leur vision nocturne, Joseph, inspiré d'en haut, leur dit : Les trois branches de la vigne, la triple succession des boutons, des fleurs et des fruits, le nombre aussi des corbeilles indiquent trois jours après lesquels le roi se souviendra de vous. Au grand échanson, il rendra ses honneurs et le droit de verser du vin dans sa coupe. Au grand panetier il réserve le gibet ; et les oiseaux de proie viendront y dévorer son corps. — En effet, au bout de trois jours, l'événement justifiait la prophétie.

Or, Joseph avait dit à l'échanson : Souvenez-vous de moi, lorsque vous serez rentré en grâce, faites-moi miséricorde, et rendez-moi le service de suggérer au roi de me tirer de cette prison, car je suis un pauvre enfant des Hébreux, enlevé furtivement de mon pays et jeté injustement dans ce séjour de larmes. — Mais, tout prospérait à l'échanson, il ne s'était pas ressouvenu de Joseph. Ainsi les dernières lueurs de l'espérance allaient, de plus en plus, s'évanouissant pour l'innocente victime.

Or, voilà que, deux ans après, Pharaon eut un songe à son tour. Il lui semblait être sur le bord du Nil, des eaux duquel sortaient sept vaches belles et grasses et ces vaches paissaient dans les marécages ; et sept autres sortaient du fleuve, hideuses, consumées de maigreur ; et elles paissaient sur la rive du fleuve, en des lieux pleins de verdure ; et elles dévorèrent les vaches grasses. Et s'étant réveillé, le roi s'endormit de nouveau, et une seconde vision frappa son imagination. Sept épis, pleins et beaux, sortaient d'une seule tige ; et autant d'autres épis grêles et rongés par la rouille croissaient sur la même tige et détruisaient les premiers. Le matin venu, le roi, saisi d'épouvante, fit appeler les devins et les sages ; mais personne ne put interpréter ces songes. Alors enfin l'échanson se rappela Joseph. Il le nomma au roi ; lui raconta l'événement de la prison ; et reçut l'ordre de faire amener le prisonnier. Et le jeune Hébreu parut, orné de sa modestie. On lui avait coupé les cheveux ; on avait changé ses vêtements ; il était beau comme la vertu. Il écouta, réfléchit un instant, et dit : « Le Seigneur, mon Dieu, annoncera des choses prospères à Pharaon. Dieu a montré d'avance au roi ce qu'il veut faire. Les sept vaches pleines et les sept épis pleins annoncent sept années d'abondance ; les sept vaches maigres et les sept épis grêles menacent le royaume de sept années de famine. Voilà qu'en la terre d'Égypte, on verra sept années d'une fertilité sans précédent ; mais bientôt la famine consumera la terre pendant sept ans et l'affreuse disette succèdera à l'abondance. Maintenant donc, que le roi choisisse un homme sage et habile, et qu'il le prépose sur la terre d'Égypte, afin qu'il établisse des intendants en chaque province, et qu'il amasse en des greniers la cinquième partie des fruits de la terre durant les sept années d'abondance, pour se prémunir contre les mauvais jours ».

Et ce conseil plut à Pharaon et à ses ministres ; et le roi résolut d'en confier à Joseph lui-même la sage exécution. Et il tira de son doigt l'anneau royal, et il le mit à celui de Joseph, et il revêtit son nouveau ministre d'une robe de fin lin ; et il plaça un collier d'or autour de son cou ; et il le fit monter sur un char, le plus beau après le sien, et il lui fit parcourir la ville, un héraut marchant devant lui et criant : Que tous fléchissent le genou, et reconnaissent Joseph comme préposé au gouvernement de l'Égypte. — Et lorsque Joseph fut rentré, le roi lui dit : « Je suis Pharaon ; sans ton commandement, nul ne remuera ni la main ni le pied sur la terre d'Égypte. Tu donneras des ordres dans ma maison ; et tout le peuple obéira aux commandements sortis de ta bouche ; le trône seul m'élèvera au-dessus de toi ». — Et il changea son nom, et il l'appela en langue égyptienne, le Sauveur du monde.

On sait le reste.

La vallée de Sichem devaient encore unir son nom à celui de Joseph. Mais alors les yeux du patriarche s'étaient fermés à la lumière. Le puissant ministre était mort plein de jours et d'années, entouré d'honneur, et comblé de gloire jusqu'à la fin ; et les Hébreux, en quittant l'Égypte sous la conduite de Moïse, avaient emporté son corps, afin de l'ensevelir au milieu des gras pâturages, parmi lesquels, jeune enfant, il conduisait ses troupeaux.

Il y a quelques doutes sur l'emplacement de son tombeau. Les Turcs nous en montrent un ; et les Juifs un autre. Volontiers nous préfèrerions la tradition des Israélites ; et cependant elle ne repose pas sur des témoignages assez précis.

Un doute également s'élève sur le puits qui s'ouvre près de nous. On l'appelle le Puits de Jacob, et plusieurs veulent que ce soit celui où Notre-Seigneur convertit la Samaritaine, et, par elle une partie notable des habitants de Samarie.

Si vous connaissiez le don de Dieu ! — Comme cette grande parole du Sauveur à la pécheresse retentit profondément dans l'âme du pèlerin de Sichem.

Les Grecs racontent une histoire édifiante sur la Samaritaine ; ils lui donnent le nom de

Photine ; ils disent qu'elle passa en Afrique, où elle convertit toute la ville de Carthage, sous l'empire de Néron. Mais les Bollandistes n'admettent pas cette tradition.

Cette controverse, aussi bien que l'équivoque sur les deux puits attribués à Jacob, sont, au fond, de peu d'importance. L'essentiel est de ne pouvoir douter du théâtre principal où s'opérèrent ces événements mystérieux.

C'est donc dans la vallée de Sichem, entre le mont Hébal et le mont Garizim, que fut donnée au peuple juif, et, en sa personne, à toutes les nations de la terre, une leçon pleine de solennité et de poésie.

La Terre promise était en la possession des enfants d'Israël. Le partage venait d'en être fait. Et Josué devenu vieux, sur le point de suivre la voie de toute chair, voulut laisser à tous une dernière instruction et comme un testament suprême. Dieu lui-même l'avait ordonné.

Le peuple fut divisé en deux portions éga es Six tribus reçurent l'ordre de se grouper en amphithéâtre sur les dernières pentes du mont Hébal, et les six autres durent prendre place, vis-à-vis, sur le Garizim. Et, lorsque tout le peuple se trouva ainsi disposé, six tribus faisant face aux six autres, les prêtres se tinrent au milieu, et ils furent chargés de proclamer successivement les bénédictions réservées par Dieu à son peuple fidèle, et les malédictions infligées aux prévaricateurs.

A mesure que les prêtres prononceraient les bénédictions, les six tribus du mont Hébal devaient répondre, sur le ton de l'enthousiasme et de l'action de grâces : Amen! Qu'il en soit ainsi, Seigneur.

Et, en entendant les malédictions, le peuple massé sur les flancs du Garizim, avait ordre de répondre, d'une voix triste et lugubre : Amen! Cela est juste. Ainsi soit-il donc, Seigneur.

Et la trompette sacrée se fit entendre. Et les prêtres élevèrent la voix, et ils dirent :

« Si vous gardez les commandements du Seigneur, il rendra vos familles prospères, il bénira vos moissons, il remplira vos greniers et vous fera triompher de vos ennemis ».

Et un chant immense d'allégresse fit entendre du côté d'Hébal, et les tribus chantaient et disaient : Amen! Amen! nous vous remercions, ô Seigneur.

Et les prêtres reprirent : « Malheur à celui qui oublie son Dieu et la pratique de sa loi pour s'occuper des choses d'ici-bas. Malheur à celui qui transgresse les commandements de Jéhovah. Le Seigneur le maudira, et il lui enlèvera ses biens, et il l'attaquera dans son honneur, et il ruinera sa famille ».

Et, des flancs du Garizim comme des profondeurs de l'enfer, on entendit un bruit sourd et lugubre; c'était l'autre moitié du peuple qui répondait: Vous l'avez dit, Seigneur; et votre malédiction est juste. Amen ! Nous en convenons.

Ce fut ainsi que Dieu cimenta son alliance avec son peuple. Heureuse la nation d'Israël, si elle avait retenu cette admirable leçon ! Jusqu'à la fin des siècles, elle aurait joui des faveurs de son Dieu, maintenant la Judée dicterait des lois à la terre.

Bien des hommes auraient besoin de venir méditer ici. L'amour des biens temporels les éloigne de la pratique religieuse. Ils ne prient pas, sous prétexte qu'ils n'ont pas le temps de s'entretenir avec leur Créateur ; trop souvent ils blasphèment son nom ; heureux quand ils n'asseoient pas leur fortune sur des mensonges et des injustices. Peuvent-ils croire que Dieu bénira cette ingratitude, et fera prospérer des richesses acquises par de tels moyens ?

Que d'enseignements renfermés dans cette vallée de Sichem ! Mes jeunes compagnons voudraient bien y trouver aussi le plaisir de leur âge. Depuis ce matin, le fusil sur l'épaule, ils cherchent le gibier ; mais ils ont compté sans leur hôte. Une fois de plus, ils apprennent à connaître les sévérités du voyage en Palestine. Ils sont partis de France, avec l'espoir de faire une de ces chasses fantastiques, objet des rêves de tous les jeunes Nemrods. Ils ignoraient l'Orient. Cette terre est grande par ses souvenirs. Elle possède les sources de la fécondité. Elle pourrait encore aspirer aux destinées les plus grandes, mais un voile funèbre le couvre aujourd'hui. Le pays des miracles a perdu tous ses avantages, en se révoltant contre Dieu. Comme Lazare au tombeau, il éprouve cette dissolution, compagne inséparable de la mort ; et il a besoin qu'un envoyé de Jésus-Christ le réveille par cette grande parole : *Lazare, veni foras* ? Lazare, sors du tombeau ; je te le commande ?

S'il est écrit que les chasses ne nous seront point propices, il n'est point dit cependant que nous serons privés de toutes jouissances légitimes, au berceau des patriarches. Les grandes ombres des montagnes se sont allongées de plus en plus, et voilà que le soleil a cessé d'illuminer de ses feux le sommet de Garizim. Un serviteur de notre amphitryon, bel homme, à la démarche fière, portant sur son estomac un véritable arsenal de pistolets et de poignards, nous invite à le suivre. Bonne fortune ! excellent moyen d'étudier les usages intimes d'une famille indigène.

Evidemment, notre hôte a quelque faveur à obtenir du consul de France. Tout se fait par calcul en Orient. L'orgueil est grand ; mais l'avarice le surpasse ; et jamais l'amour de l'ostentation ne poussera un oriental à faire des frais pour un étranger, tandis qu'en Europe, la richesse est en honneur. Pendant que nous voyons les familles pauvres de l'Occident s'imposer de longs sacrifices pour se ménager le moyen de briller dans une fête, ici on aime passionnément l'argent, mais on craint de passer pour en avoir. Faire compliment à un homme sur sa fortune est presque un outrage : Le malheureux auquel vous avez dit : Je vous crois riche, — regarde autour de lui pour savoir si quelqu'un a pu vous entendre. Être riche tant qu'on pourra, mais passer pour pauvre, voilà le suprême bonheur de l'avarice. Les princes eux-mêmes enterrent leur argent, et ne le déclarent à leurs héritiers qu'à la dernière extrémité. Les lois du pays en sont la cause. Les collecteurs d'impôts sont des espèces d'autocrates omnipotents, auxquels le souverain accorde toute licence, pourvu qu'ils remplissent ses coffres. Un pacha est-il nommé gouverneur d'un pays, il reçoit son brevet pour trois ans. La Sublime-Porte ne lui assigne aucun appointement. A lui de se faire un revenu aux dépens des pauvres gens. Le pacha est une sorte de fermier de l'Etat. On lui donne des terres à exploiter, des brebis à tondre. Au sultan est réservé un nombre de toisons, une portion de bénéfice sur les revenus de la terre. Le pacha s'arrangera donc pour payer sa ferme, et surtout pour remplir sa propre escarcelle. Or, il serait trop dur à sa paresse de se faire collecteur. Il se choisit donc à lui-même des fermiers parmi les principaux du pays. Ceux-ci lui apporteront tant pour le sultan, et tant pour le pacha. Mais, comme, à leur tour, ils entendent bien ne pas travailler pour l'honneur, le petit propriétaire est sûr de se trouver grevé d'une troisième taxe au profit des agents du pacha. On comptera ses possessions avec le plus minutieux détail ; et comme les arbres payent leur cote personnelle, s'il a eu le malheur de planter un olivier ou un figuier dans son jardin l'année précédente, il est sûr de s'en voir demander le revenu. — Tu vivais bien, l'an passé, sans lui. Tu n'en as donc pas besoin, lui dira-t-on. — Et, s'il résiste, on l'accablera de coups de bâton jusqu'à parfaite soumission. De là le besoin de cacher sa fortune et de passer pour un gueux qui ne possède rien au soleil. Si donc, je le répète, notre hôte se met en frais, ce soir, il y a une anguille sous roche. Il veut pouvoir dire au consul de France que sa maison est l'asile de ses nationaux, et qu'à ce titre, elle a droit à s'abriter sous le pavillon français.

Notre hôte est un vigoureux athlète, je vous assure, bien membré, et capable, je le crois, d'assommer un bœuf d'un coup de poing. Il marche la tête haute, les épaules renversées, l'estomac un peu en avant, les pieds et les genoux en dehors, à la façon d'un oriental content de lui-même. Sa tenue est irréprochable ; large caleçon ; robe de soie jaune fendue sur le côté à la hauteur du genou et serrée autour des reins par un large cachemire qui fait plusieurs fois le tour de son corps, pelisse de satin vert doublée d'une fourrure grise, bonnet rouge, turban de soie blanche brochée de jaune, jambes nues, souliers rouges qui se terminent en une pointe relevée, poignards, pistolets, armes de toutes les espèces formant comme un arsenal sur son ventre légèrement proéminent.

Ne croyez pas que les vêtements de soie indiquent un homme de qualité. Un porteur d'eau se drape dans la soie, lorsqu'une bonne fortune, un vol peut-être, lui fait mettre la main sur un vêtement de cette nature. La fourrure est le signe de distinction. Aussi notre hôte la porte-t-il avec complaisance, malgré trente degrés de chaleur. C'est acheter un peu cher l'honneur de se vêtir de peaux de bêtes ; mais que ne peut la passion de s'élever au-dessus du vulgaire ? Par tout pays, elle fait faire des folies.

Ce costume oriental est superbe, il faut en convenir. Ces couleurs fraîches, vives, ces habits longs, cette ampleur vont merveilleusement à la dignité.

J'oubliais un détail. Notre hôte porte une longue barbe. En revanche, le perruquier lui rase soigneusement la tête tous les matins, sauf une mèche de cheveux qu'il laisse religieusement pousser sur l'occiput. On l'appelle la houppe de Mahomet. C'est par-là, dit-on, que le prophète saisit ses disciples après leur mort, pour les enlever au ciel.

Je sais trop ce que je me dois à moi-même pour toucher la main de mon hôte en l'abordant. Les inférieurs seuls prennent la main de leurs supérieurs pour la baiser et la porter à leur front. Encore toute espèce d'inférieur n'est-il pas admis au baise-main. Le vrai inférieur, s'inclinant jusqu'à terre, devra faire semblant de ramasser la poussière foulée par le haut personnage pour la mettre sur sa tête, et prenant le bas de la chemise de l'homme respectable, il la baisera avec componction.

Ni l'hôte, ni moi, nous ne nous inclinerons. Nous regardant l'un l'autre avec une sorte d'assurance, nous nous arrêterons à distance respectueuse, et portant la main sur notre cœur et à notre front, sans dire une parole, nous exprimerons dans cette grave pantomime les dispositions réciproques de nos cœurs et de nos esprits. Pelé comme il l'est, l'oriental n'ôte jamais son turban pour saluer. La politesse consiste à tenir sa tête soigneusement couverte.

« De quel nom appellerai-je mon hôte, dis-je, tout bas, à mon drogman. — Son fils s'appelle Ibrahim, me répondit celui-ci. » — J'étais fixé; car en Orient, lorsqu'il y a un fils, le chef de famille perd son nom pour en prendre un qui rappelle sa paternité. J'appellerai donc mon hôte Bou-Ibrahim, c'est-à-dire père d'Ibrahim.

La maison est tout ce qu'il y a de plus simple. Les murs extérieurs sont de pierre unie, sans ornement aucun, sauf de rares colonnettes au mileu de fenêtres géminées. A l'intérieur, nulle tenture pour dissimuler le crépissage ; à quoi bon habiller des murs ? Toute la richesse est par terre, tapis précieux, coussins brochés d'or. La famille, en effet, se tient par terre, c'est le plancher qu'il faut donc orner. Ne cherchez point de fleurs autour de la maison ; on les cultive sur le toit. En Orient, les toits sont une des pièces principales de l'habitation : on s'y promène soir et matin ; on y tient conversation ; on y sèche le linge et les fruits ; souvent même on y dort la nuit au temps des chaleurs. Point de jet d'eau, bien entendu, dans un jardin qui n'existe pas ; on le réserve pour le divan, où il s'élève et retombe dans une conque de marbre, rafraîchissant l'herbe et réjouissant l'oreille par son léger murmure.

Ibrahim est un beau jeune homme, son père semble heureux et fier d'avoir à me le présenter. Teint frais ; peau fine ; visage oblond ; œil expressif. Jamais le rasoir n'a passé sur sa jeune moustache ; son menton, au contraire, est uni comme une glace, car la barbe est réservée aux hommes âgés, aux pères de famille, et aux prêtres. Les idées sont on ne peut plus arrêtées à cet égard.

Malheur surtout au prêtre qui ne laisserait point pousser sa barbe! La tête du jeune homme est couverte d'un léger bonnet rouge-amaranthe appelé stam-bouline, cette mode est récente; elle date de la maladroite réforme du sultan Mahmoud. Les larges manches de sa chemise de soie s'échappent à longs flots de sa robe de mousseline blanche, semée de fleurs de lilas. Ses babouches rouges lui siéent à merveille; et son ample ceinture de cachemire diapré dessine à ravir sa taille élégamment cambrée.

Si vous eussiez rencontré dans la rue, tout à l'heure, sa jeune épouse enveloppée d'un grand linceul de calicot blanc, traînant dans la poussière ses babouches de couleur jaune, vous l'eussiez prise pour un paquet informe, sans grâce et sans beauté; mais, dans l'intérieur de la maison, avec son large pantalon de soie rose, sa robe brochée d'or fendue sur les côtés, sa large ceinture où se nuancent les plus vives couleurs, sa veste de velours ornée d'arabesques en or, ses cheveux semés de pierres précieuses, et son visage coquettement embelli par de légers coups de pinceau, elle se montre complètement transformée; et vous retrouvez une noble créature humaine, au lieu de cet indigeste ballot qui boulottait dans la rue. Pour obéir à la mode, elle a teint ses ongles en rouge, avec du henné; et les chevilles de ses pieds nus sont ornées d'anneaux d'argent auxquels s'attachent des multitudes de petits grelots de même métal.

Ibrahim l'a épousée, sans l'avoir jamais vu que sous forme de paquet dans son linceul de calicot, car jamais jeune fille ne se montre différemment en public. L'Orient, sous ce rapport, comme sous beaucoup d'autres, a conservé les vieux usages du peuple Hébreu. Chez les Juifs, la femme, au dehors, était traitée avec une sorte de mépris. On regardait comme peu convenable de s'entretenir, même avec sa propre épouse, dans un endroit apparent. Jamais on ne devait saluer une femme. Un père n'instruisait ordinairement pas sa fille des principes de la loi de Moïse ; le peuple croyait même l'âme de la femme d'une autre nature que celle de l'homme ; et les mahométans se l'imagineraient encore volontiers.

Le soir de son mariage, Ibrahim a été conduit dans la maison de sa fiancée avec la pompe d'usage. Il était seul à cheval, entouré de tous ses parents et amis, qui portaient des flambeaux. Il marchait au son des hautbois et des tambours. Les jeunes gens faisaient de nombreuses décharges de leurs fusils; les femmes chantaient, ou plutôt criaient des paroles de circonstance. Le fiancé a pris sa femme en croupe, et l'a ramenée chez son père, au milieu des cris de joie. Le temps n'est pas encore éloigné où, pour terminer la fête, Ibrahim, rentré chez lui, aurait dû donner un coup de pied à sa belle et lui ordonner de lui ôter ses chaussures, pour lui apprendre, dès le début, la soumission à son mari. Mais ce bel usage, plein d'urbanité, est heureusement aboli. Comment s'appelle la jeune femme ? Nous ne le saurons pas, car on ne daignera pas la nommer devant nous. S'il faut absolument en parler, son père, ou son mari ajouteront un mot équivalant à cette formule : *parlant par respect*, employée par nos paysans lorsqu'ils ont à dire quelque chose de leurs bestiaux.

Au divan, où le père d'Ibrahim vient de nous introduire, tout le monde ôte ses souliers. Pieds nus, tête couverte, c'est l'usage sacré. Cette multitude de savates amoncelées près de la porte est d'un goût assez équivoque : mais on est convenu de ne pas s'en apercevoir. Assis, ou mieux, étendus sur des coussins moëlleux, Augustin de Lorges, Albert de Monteynard, Ferdinand de Divonne, Maxence de Vibraye, et moi, nous restons un moment en silence, et puis une sorte d'esclave étend sur notre tête un riche voile brodé d'or et de soie, et approche une cassolette fumante de notre visage ; avec les mains nous attirons sur notre barbe et nos cheveux la fumée de l'encens qui reste emprisonnée sous notre voile ; ensuite on fait disparaître le voile, on nous asperge d'eau de rose, on nous présente les confitures, l'eau-de-vie, le café, enfin un pipe de deux ou trois mètres de longueur. Peu de paroles, beaucoup de fumée, un repos complaisant, voilà le principal. Ne vous étonnez pas de voir ce petit chat circuler librement. Jamais de petits chiens privilégiés. Beaucoup de chiens dans la rue, à la bonne heure, mais point à l'intérieur ; et dans la rue même, on se garderait bien de les caresser : on ne les maltraitera pas non plus, ils vivront en étrangers, et c'est tout. Mais pour le chat, à lui les privautés. S'il était malade, on lui construirait volontiers un hôpital, quoiqu'il n'en existe pas pour les hommes. Ne savez-vous pas qu'un chat s'endormit un jour sur la manche du prophète, et que Mahomet, ayant besoin de se lever, aima mieux couper sa manche que de réveiller le chat. Honneur donc au chat !

Cedendant il faut dîner.

Croyez-vous que nous allions passer à la salle à manger ? Et pourquoi faire une salle à manger ? à quoi bon une table, des chaises ; et tant d'autres superfluités ? On apporte au milieu du divan, un escabeau d'un pied de hauteur ; sur cet escabeau un large plateau rond, et sur le plateau, une multitude de petits plats. Sucreries, sauces, salades, rôtis, bouillie, crème, tout est pêle-mêle. Voilà la table mise. Allons nous accroupir autour de cette pyramide fumante. —Mangez donc ! — C'est facile à dire ; mais on ne m'a donné ni couteau ni fourchette.—Eh bien, qu'en feriez-vous si ce n'est pas nécessaire. Voyez plutôt les maîtres de la maison. Ils trempent leurs doigts dans la sauce : et puis, sans les essuyer, ils saisissent un bonbon, remettent leurs mains à la sauce, et puis à la salade, comme firent, sans doute, nos premiers parents, le soir du jour où ils quittèrent le paradis terrestre. Pourquoi n'en feriez-vous pas autant ? — Mais j'ai soif, dites-vous. — Pardon ; mangez comme les poules. A leur exemple, dans ce pays-ci, on ne boit qu'à la fin. Tout à l'heure on passera à la ronde ce gros morceau de bois creusé, dans lequel il y a de l'eau claire. Mangez vite ; parlez à peine, buvez lestement, à votre tour ; et dépêchez-vous de vous retirer sur le divan, sans vous inquiéter de savoir si les autres ont fini ou non. Ne savez-vous pas que les femmes et les domestiques attendent votre place pour manger les restes ?

Aussitôt étendu dans votre coin, dépêchez-vous de fumer. D'abord, c'est l'usage ; et puis la pipe dispense de la conversation ; et c'est un grand avantage, car, de quoi parlerait-on dans un pays où personne ne sait rien ? Des nouvelles, il y en a peu dans un cercle restreint par un si étroit, horizon La fumée donne une contenance et supplée à l'esprit. Hommes, femmes, enfants, tout le monde a son bouquin à la bouche. Je doute même qu'une femme honnête sache faire autre chose que fumer. Quelquefois les hommes jouent au tric-trac, ou aux échecs, ou aux cartes ; un des habiles chantera je ne sais quelle rapsodie sur un air impossible. Le comble de la jouissance serait que le prétendu littérateur de l'endroit se mit à raconter une histoire fantastique, absurde, invraisemblable, mais pleine de merveilleux. A lui l'attention, à lui les applaudissements : vous verriez même quelquefois les plus graves oublier de fumer à force de ravissement.

Deux heures se sont écoulées dans une occupation aussi intéressante. Au milieu de la salle, un long flambeau terminé par un godet plein d'huile visqueuse, semble s'éteindre. Obéissons à ce signal : il est temps de nous retirer. Nous nous levons gravement ; nous saluons les hommes ; nous nous gardons bien, par politesse, de rien dire aux femmes ; nous sortons ; et nous trouvons à la porte un serviteur avec son falot. Dans une ville où les réverbères sont inconnus, cette précaution n'est pas de trop. L'homme au falot nous conduit, à travers les ruelles obscures, jusqu'à notre campement, où nous retrouvons nos joyeux compagnons prêts à s'endormir jusqu'au lendemain matin.

VI

SÉBASTE OU SAMARIE.

Aujourd'hui, nouvelle étape à faire, Elle sera longue, mais intéressante à cause des lieux remarquables échelonnés sur le chemin.

Avant huit heures du matin nous serons à Sébaste, l'ancienne Samarie. Sur le chemin, comme partout en Palestine, des pierres, des ruines, de beaux vergers au fond de certaines vallées, des cimes de montagnes entièrement dégarnies de terre végétale : la solitude et le silence. Le gros ruisseau dont nous longeons la rive droite au sortir de Naplouse, deviendra plus tard une petite rivière et c'est lui qui formera le lac Maïet-El-Taonsah(l'eau des crocodiles), avant de se jeter dans la Méditerranée, sous le nom de Nahr-El-Arsouf. S'il faut en croire la tradition, ses rives ne furent pas toujours hospitalières. Strabon parle d'une ville située sur les bords du lac Maïet-El-Taonsah, et lui donne le nom significatif de *Krokodeiopolis*. Des crocodiles ont-ils réellement vécu dans cet étang, c'est possible. En existe-t-il encore? Je ne le crois pas. Ils auront été détruits sans doute à une époque fort reculée.

Comme ceux de Naplouse, les abords de Sébaste sont riants et gracieux. Après un plateau assez pierreux, on entre dans un étroit vallon, admirablement vert et parsemé de bouquets d'oliviers. Le vallon tourne vers le nord, et s'en va presque immédiatement aboutir à Sébaste. Au milieu de cette verdure, sous le charme de cette fraîcheur, on se croirait à mille lieues de la terre maudite. Un large ruisseau, qui roule en cascades successives aux travers de beaux arbres et de frais gazons, prend naissance à quelques pas de là, au pied d'une majestueuse muraille qui fit partie de l'Église élevée en l'honneur de saint Jean-Baptiste. Un bel étang, alimenté par une source vive, déverse son trop-plein dans le ruisseau. Assise au milieu de ce paysage enchanteur, Sébaste ressemble à une miniature de quelque village suisse.

Mais nous sommes en Orient, et le charme est dans la seule perspective. Dès qu'on franchit l'enceinte de la ville tout change. La capitale des rois d'Israël n'est plus qu'un méchant bourg, dont les habitants insolents et fiers, demandent à être traités d'un peu plus haut par le voyageur. Elle renferme au plus soixante maisons et cinq cents habitants.

Sébasté est fondée sur le plateau de Saméron,

d'où lui est venu le nom de Samarie. On sait comment elle fut, pendant deux siècles, résidence royale. David était mort ; Salomon lui avait succédé et, après avoir longtemps vécu selon les préceptes de la sagesse, il s'était révolté contre Dieu et avait mérité d'être châtié. Or, Jéroboam était fort et puissant ; et Salomon voyant ce jeune homme d'un heureux naturel et plein d'intelligence, lui avait donné l'intendance des tribus de toute la maison de Joseph. Il arriva donc, en ce temps-là, que Jéroboam, sortit de Jérusalem, et que Ahias, le prophète silonite, le rencontra dans le chemin. Ils étaient seuls et sans témoins. Alors Ahias, ôtant son manteau, le jeta à terre, et le coupa en douze portions, et dit à Jéroboam : Prenez ces dix parts pour vous, car voici ce que dit le Seigneur, le Dieu d'Israël : Je diviserai et j'arracherai le royaume des mains de Salomon, et je te donnerai dix tribus. Une seule lui restera à cause de David, mon serviteur, et de Jérusalem, objet de mes prédilections. Je le traiterai ainsi, parce que roi infidèle, il m'a abandonné, et qu'il a adoré Astarthé, déesse des Sidoniens, Chamos, dieu de Moab, et Moloch, dieu des enfants d'Ammon. — Le bruit de cette prophétie s'étant répandu, Salomon voulut faire mourir Jéroboam ; mais celui-ci trouva le moyen d'aller se mettre sous la protection de Sésac, roi d'Égypte.

Or, le jour où Salomon ferma les yeux pour aller dormir avec ses pères ; et comme Roboam, son fils, était à Sichem, pour prendre en sa place les rênes du gouvernement, Jéroboam arriva tout à coup, et le peuple l'entoure, et il dit à Roboam, au nom de tous :

« Votre père nous a imposé un joug odieux : diminuez quelque chose de son extrême dureté, et nous vous servirons. ».

Roboam leur répondit :

« Allez, et dans trois jours revenez vers moi ».

Et le peuple se retira. Et Roboam consulta les vieillards, anciens conseillers de son père. Et ils l'exhortèrent à la douceur. Mais Roboam eut le malheur de mépriser leurs avis pour suivre les perfides insinuations de jeunes amis sans expérience. Et le troisième jour, le peuple étant revenu, le roi lui dit :

« Mon père vous a imposé un joug pesant ; eh bien ! sachez que je le rendrai plus pesant encore. Mon père vous a frappés avec des verges, et moi je vous flagellerai avec des scorpions ».

Et le peuple fut irrité de cette réponse hautaine, et il s'écria :

« Que peut-il y avoir de commun entre nous et David ? Retire-toi dans tes pavillons, ô Israël ; et vous, fils ingrat d'un père vertueux, veillez à votre sûreté ».

Or, le roi Roboam épouvanté monta sur son char, et s'enfuit à Jérusalem. Les seules villes de la tribu de Juda lui restèrent fidèles ; et toutes les autres passèrent sous l'obédience de Jéroboam.

Sichem ni Sébaste ne devinrent cependant point, dès lors la capitale de ce nouveau royaume. Jéroboam alla se fixer à Thersa. Il y bâtit un palais et s'efforca d'y fonder un trône pour sa dynastie. Mais ni la race, ni le palais, ni la ville de ce roi impie ne devaient subsister. En moins de cinquante ans, trois familles avaient porté successivement la couronne d'Israël, Zambri, après avoir éteint par des meurtres abominables la maison de Jéroboam, avait inutilement essayé d'assurer aux siens la couronne ; il s'était vu poursuivi par Amri, et s'était réfugié dans le magnifique palais de Thersa ; et le septième jour de son règne éphémère, réduit à l'éxtrémité. et craignant de tomber entre les mains de son rival, il avait mis le feu à sa demeure, et s'y était laissé consumer lui-même avec ses trésors.

Alors Amri, devenu roi, voulut se faire une capitale. Thersa n'était évidemment pas d'une situation avantageuse, ni susceptible d'une longue défense. Après avoir cherché longtemps, il arrêta ses vues sur une montagne appelée Sameron ou Samarie, à cause de Samer son possesseur. Il l'acheta ; Samer la lui céda pour deux talents d'argent seulement, à la condition qu'elle conserverait son nom Le roi y transféra sa demeure après six y ans de séjour à Thersa. Bientôt Samarie donna son nom à tout le royaume d'Israël ; plus tard elle devint l'une des plus fortes villes du monde, et l'émule de Jérusalem, mais en même temps la plus superstitieuse et la plus opiniâtre dans l'impiété.

Les rois se plurent à embellir Samarie. En parcourant aujourd'hui ses ruines, nous nous rappelons la parole du prophète Amos : « Je détruirai, ô rois impies, votre maison d'hiver et votre maison d'été ; vos palais d'ivoire périront, et la multitude de vos habitations disparaitra « . — Vers l'extrémité du village, on nous conduit par un chemin tracé au milieu des plus beaux vergers. Il longe le flanc gauche d'un mamelon livré à la culture, et planté d'innombrables figuiers ou d'oliviers. Bientôt des colonnes de calcaire dur, les unes debout, les autres couchées, se montrent à nous, et voici que se présente une immense colonnade double, qui dut orner la principale rue de Sébaste. Les colonnes en sont doriques, d'un mètre quatre-vingt-quinze de circonférence, et séparées, d'axe en axe, de trois mètres quarante. Il y en a cinquante-neuf debout et une foule d'autres renversées. A son extrémité ouest, la colonnade s'élargit et forme une avenue de quinze mètres de largeur, qui aboutissait à une des portes de l'ancienne ville. Cette entrée est indiquée par deux bases de tours rondes d'un diamètre de onze mètres, à partir desquelles commencent des lignes de murailles d'enceinte. Du pied des deux tours, une route, bordée d'une belle allée de pierres fichées, se dirige vers le fond d'une large vallée, close à l'ouest par une file de collines verdoyantes, au delà desquelles scintillent les flots azurés de la Méditerranée. C'est une des plus magnifiques situations. De cette hauteur, à neuf cent vingt-six pieds au-dessus du niveau de la mer, les rois d'Israël pouvaient contempler d'un seul regard, les vastes campagnes de la Samarie, et la plus belle partie de leurs états.

Qu'était ce pays au temps de sa prospérité ? Du vivant de Notre-Seigneur, la moindre de ses bourgades avait quinze mille habitants. La richesse et l'abondance y rendaient la vie facile, Hélas ? et maintenant quelques cabanes de paille et de boue, de vastes décombres sont tout le village de Sébaste. C'est que le serment prêté au pied du Garizim fut horriblement violé, c'est que le peuple de Dieu se révolta contre son Seigneur ; c'est que l'autel de Baal fut élevé à la place de celui du Dieu d'Abraham d'Isaac et de Jacob ; et alors le Très-Haut dut accomplir la menace de Michée son prophète : « Je ferai de Samarie un monceau de pierres dans un champ, un lieu propre à planter des vignes ; je ferai rouler ces pierres dans la vallée. et je découvrirai ses fondements ». — Et la gloire de Samarie a passé ; et la malédiction seule de Dieu est restée, monument irréfragable de la puissance de Celui qui brise, dans sa colère, les rois orgueilleux ou impies.

Notre-Seigneur eut pitié des Samaritains, nous

l'avons vu à Sichem. Après sa résurrection, saint Philippe leur prêcha la foi et les convertit. Alors Pierre et Jean furent députés par le collége des Apôtres, afin de leur imposer les mains et d'appeler sur eux la vertu du Saint-Esprit. En ce temps-là, vivait à Samarie Simon le Magicien, homme fameux, qui faisait, au moyen de la sorcellerie, les prodiges les plus extraordinaires. L'adorateur du démon n'eut pas de peine à devenir dans les envoyés de Dieu une vertu supérieure à la sienne. Son ambition s'en émut. Il essaya de se procurer par la corruption ce que le pouvoir limité de son maître cruel ne pouvait lui faire atteindre. Il proposa donc aux Apôtres de leur acheter le secret. De là est venu le nom de simonie et celui de simoniaque, qui signifient acheter ou vendre les choses saintes. Repoussé avec indignation, le magicien se vengea cruellement. Il alla à Rome, où Néron lui accorda sa faveur et lui fit même élever une statue dans une île du Tibre, avec cette inscription : *Simoni, deo sancto* ; *à Simon, le dieu saint !* Il profita de son ascendant pour faire lancer une sentence de proscription contre saint Pierre et saint Paul, et fut cause de leur mort. Inutile de dire que le dieu prétendu traînait après lui une courtisane, qu'il avait achetée à Tyr, et dont il racontait des choses merveilleuses.

Il y eut alors des évêques de Samarie. Plus tard, le siège fut inoccupé. Les Croisés le rétablirent en

1155 ; et la chute du royaume de Jérusalem l'emporta dans son tourbillon.

L'église de Saint-Jean-Baptiste paraît dater de l'époque des évêques latins. M. de Vogüé la considère comme la plus importante des basiliques chrétiennes de la Palestine, et veut qu'elle soit d'origine française. Nous descendons de cheval pour la visiter. Elle avait trois nefs d'égale longueur, terminées par trois absides, et coupées par un transsept. La nef centrale, plus haute que les deux autres, recevait le jour par une série de fenêtres supérieures. L'ensemble des caractères architecturaux est du XIIe siècle, Le bâtiment mesure environ cinquante-un mètres de long sur vingt-cinq mètres de large. Il n'en reste aujourd'hui que l'abside du sud, une partie de la façade occidentale, et quelques fûts de colonnes ou des archivoltes brisés. Sur le tombeau de saint Jean, espèce de grotte où l'on descend par un escalier de vingt-une marches, les mahométans ont élevé une petite mosquée, qu'ils appellent Nébi-Yahia.

Le Précurseur fut-il donc décapité à Sébaste ? Il est plus que permis d'en douter. Assurément, il fut incarcéré au château de Machéras, bâti par Alexandre au delà du Jourdain, près de la mer Morte, et converti en demeure royale par Hérode. S'il eût été décapité à Sébaste, Archélaüs, dont la Samarie dépendait, n'eût pas manqué d'en chercher querelle, puisque Hérode-Antipas, n'avait aucune juridiction chez lui et régnait seulement au-delà du Jourdain. Josèphe, Baronius, Maldonat, et plusieurs autres tiennent pour Machéras. Le corps du Saint dut être transporté par ses disciples à Jérusalem ; Hérodias conserva la tête et la déposa dans le palais d'Hérode, également à Jérusalem. Or, quelque temps avant le siège de cette ville, les chrétiens ayant été avertis en songe de se tenir en garde contre la catastrophe, émigrèrent au loin ; quelques-uns emportèrent à Édesse la tête de Jean-Baptiste ; et les autres déposèrent son corps à Sébaste, au milieu des saints prophètes Élisée et Abdias.

Ainsi le tombeau de Sébaste nous rappelle un double souvenir. Avant d'avoir été sanctifié par les reliques de Jean-Baptiste, il avait déjà reçu la communication de cette vertu que Dieu se plaît à donner aux restes de ses amis. Qui ne se rappelle ce trait touchant?

Des voleurs s'étant approchés de Samarie, rencontrèrent des hommes qui conduisaient un mort au lieu de la sépulture. Leur aspect, leurs armes, la férocité de leur visage, effrayèrent les porteurs. Le mort y fut jeté précipitamment et ses parents s'enfuirent. Or, quel ne fut pas l'étonnement de tous, lorsque, vivifié par le contact des dépouilles mortelles du serviteur de Dieu, le mort se releva plein de santé. Ainsi Dieu aime les siens : ainsi le Seigneur glorifie même les cendres de ses amis. Ce souvenir sera le dernier que nous recueillerons à

Samarie ; nous l'emporterons comme une sorte de gage d'immortalité.

Au moment de quitter Sébaste, raconte un aimable et savant voyageur, notre guide, avec l'air calme et placide de tout arabe qui médite un mauvais coup, nous prie de glisser une balle dans nos fusils et de lui en donner une pour le sien. Il est nuit, et nous marchons en silence. Bientôt, montrant d'un air mystérieux à l'un d'entre nous, un petit champ situé vers la gauche, il dit à voix très basse : Des voleurs ! Les voyez-vous ? Marchons sur eux. — Notre ami n'entend pas bien, et n'y prend pas garde. — Allons donc, reprend vivement mais toujours bas, le drogman. Même silence. — Eh bien j'y vais ! — Et il s'élance dans la direction du champ. Qui vive, chien ! — Même silence. Et nous entendons la détonation d'un fusil, accompagnée de cette imprécation trop ordinaire aux arabes : Que Dieu te maudisse, toi, et ton père, et le père de ton père ! — Une ombre se lève, essaie de fuir, et retombe pesamment sans pousser un cri ; d'autres ombres paraissent fuir à toutes jambes. Le guide s'approche de la victime, regarde, et revient impassible auprès de nous. — Qu'est-ce ? lui dis-je. — Rien, répond-il; j'ai tué un homme. Dieu est grand ! Et il allume sa pipe. Le voleur avait reçu la balle dans les reins. Elle était ressortie par l'aine gauche. Des cris se firent entendre au loin. Ils nous poursuivirent pendant une demi-heure. Heureusement, les démonstrations hostiles s'arrêtèrent là. De notre côté, nous sommes très peu fiers de cet exploit. Ce n'est pas en pays arabe, encore moins près de Naplouse, qu'on plaisante avec les dettes de sang. Nous bénissons les ténèbres qui nous dérobent aux regards, et nous nous promettons bien de ne pas ouvrir la bouche sur notre aventure.

Or, ce n'est point de quatre ou cinq voleurs que nous sommes menacés aujourd'hui. L'année dernière, la caravane de septembre s'est vue assaillie, à coups de pierres, par les habitants du petit village de Burka, qu'il nous faut traverser. Si la même fantaisie leur prend à notre égard, ce sera terrible, car c'est, actuellement, la foire aux chameaux, et la population est décuplée par l'affluence des étrangers. Ce que c'est que l'influence de la France ! Avant de quitter Jérusalem, nous avions prié notre consul de faire faire des prohibitions sévères aux habitants de Burka. Ils se le tenaient pour dit ; pas un d'entr'eux n'éleva la voix ; pas une pierre ; pas un cri ; pas même un regard farouche : et nous allâmes tranquillement déjeuner au village de Djebba. Enfin, plus de défilés dangereux, plus de ces ravins pierreux qui vous exposent, vingt fois en une heure, à rouler dans d'affreux précipices. La belle et magnifique plaine d'Esdrelon s'ouvre devant nous. Arrêtons-nous un moment ; contemplons, au loin, la terre fertile de

Zabulon. L'historien Josèphe en parle avec enthousiasme. De son temps, les vignes, les oliviers, les figuiers, les palmiers croissaient, en rang pressés, dans les plaines, sur les montagnes, et au fond des vallons. Pas un pouce de terre qui ne fût cultivé. Des montagnes environnantes s'échappaient des ruisseaux qui portaient au loin la fraîcheur, et avec la fraîcheur la fecondité, et faisaient songer au paradis terresrre. Ses habitants étaient braves, actifs, laborieux, instruits de bonne heure dans les sciences et les arts, et dans les exercices de la langue. Outre ses villes nombreuses, dont la moindre abritait quatorze mille âmes, elle possédait deux cent quatre gros villages. Aujourd'hui, ce n'est plus cela ; la terre est toujours fertile mais personne ne tire avantage de ce don de la nature. Je ne dis pas la centième, mais la cinq centième partie de la plaine d'Esdrelon reste sans culture. A peine si quelques troupeaux profitent des hautes herbes qui la couvrent en abondance,

Phénomène étrange ! cette plaine fertile est abandonnée des hommes, et les populations habitent des endroits incultes et ardus. La même chose se voit souvent en Syrie. Ainsi, le plateau de la rive droite du Jourdain et les bords du lac de Tibériade sont déserts ; la Célé-Syrie est inculte et ne renferme que des pasteurs ; il en est de même de la plaine d'Antioche, réputée l'une des plus fertiles du monde, tandis que le Liban aux pentes abruptes, et le pays âpre et difficile de Naplouse sont remplis d'habitants. Comment expliquer cette bizarrerie ? M. le maréchal duc de Raguse n'hésite pas à en imputer la faute au gouvernement. En effet, un pays riche et fécond se trouve ordinairement ouvert, et, par contre, l'attaque y est aisée, et la défense difficile ; dans la montagne, au contraire, parmi les rochers, la défense est facile et l'agression périlleuse. Si l'autorité n'est pas vigilante, en vain la nature prodiguera ses richesses à la plaine ; faute de sécurité, l'homme s'éloignera des lieux qui promettent une large récompense à un médiocre travail ; il préférera nécessairement une récolte inférieure, et se soumettra à de plus grands efforts pour arriver à un bien certain. Aussi faut-il également interpréter la position ingrate de certains villages. S'ils sont loin de la fontaine, c'est que leurs habitants aiment mieux s'astreindre au travail pénible et journalier d'aller chercher de l'eau à une grande distance, que de demeurer près d'une source où des étrangers méchants viendraient souvent porter le trouble et l'effroi au sein de leurs familles.

Si nous n'étions point en si nombreuse compagnie, nous pousserions nos chevaux sur la gauche, pour voir, à une demi-heure d'ici, l'emplacement de Dothaïn, où Joseph fut vendu par ses frères ; mais les mauvais cavaliers se traînent péniblement à la suite de notre caravane ; trois d'entre-eux ont trouvé le moyen de se faire jeter par terre dans une plaine unie comme une glace. La charité nous oblige à modérer nos mouvements, pour ne pas ajouter à leur détresse. Les chasseurs en profitent pour décharger leurs fusils sur quelque pièces de gibier. Le meilleur de leur chasse se trouva être un malheureux faucon avec un ibis.

Une colline s'élève à notre gauche, formée de grands rochers calcaires, dans les anfractuosités desquels deux mille habitants ont fixé leur demeure. Une forteresse, flanquée de tours, domine hardiment au sommet. Nous la saluons avec respect, car ce village appelé Sanour, passe généralement pour l'antique Réthulie, située d'après l'Écriture, « dans les défilés des montagnes et près de Dothaïn ». En vain nous prêtons l'oreille au bruit des pas de l'armée d'Holopherne. Un jour, cependant, il vint ici avec cent vingt mille combattants à pied, et douze mille cavaliers ; et il fit précéder son armée d'une multitude immense de chameaux, avec des vivres en abondance, des troupeaux de bœufs et des brebis sans nombre, et beaucoup d'or et d'argent de la maison du roi ; et son cortège était si nombreux qu'il couvrait la face de la terre, comme les sauterelles. Et il passa l'Euphrate, et il vint dans la Mésopotamie, et il descendit dans les champs de Damas, au temps de la moisson, et il brûla toutes les récoltes, et il fit couper tous les arbres et toutes les vignes ; et la terreur de son nom se répandit sur tous les habitants de la terre, et il commanda à ses armées de monter contre Béthulie. Mais une femme suffit à détruire sa puissance. Il est honteusement tué, à la suite d'une débauche ; et ses soldats et ses cavaliers se sont dispersés dans la fuite. Une renommée reste debout. A Judith nos hommages et notre admiration ! En passant devant Sanour, nous répétons les paroles que lui adressèrent les prêtres d'Israël, lorsqu'ils la bénirent tous d'une voix, en disant : Tu es la gloire de Jérusalem, tu es la joie d'Israël, tu es l'honneur de notre peuple ; car tu as agi avec courage. Ton cœur a été affermi, parce que tu as aimé la chasteté ; la main du Seigneur t'a fortifiée, et tu seras bénie éternellement. — Et il nous semblait entendre le peuple s'écrier à la suite des prêtres : Qu'il soit ainsi ! qu'il soit ainsi !

Un doute cependant nous est permis. Robinson rejette l'identité de Sanour avec Béthulie, parce qu'il est trop loin de la plaine d'Esdrelon, ne défend aucun défilé, et ne renferme pas trace d'antiquités.

Dans le village de Djennin, où nous passerons la nuit, Notre-Seigneur guéri les dix lépreux. On se rappelle que, sur les dix, un seul témoigna sa reconnaissance ; or celui-là était samaritain. Un ruisseau, comme nous n'en avons point encore vu en Palestine, coule à pleins bords à travers des jardins défendus par des haies nombreuses de nopals, et gracieusement ombragés par des palmiers. Nous nous félicitons de voir nos tentes dressées sur ses bords. Nous jouissons de sa fraicheur longtemps après le coucher du soleil, et il nous semble que nous aurons de la peine, le lendemain, à quitter ce lieu de délices. Cependant, à l'heure du réveil, un de mes jeunes compagnons se sent malade ; tête pesante, estomac bouleversé, commencement de fièvre. On m'appelle pour en visiter quelques autres dans les tentes voisines. On nous dit alors, mais trop tard, que les rives du petit fleuve sont toujours malsaines, quand les eaux coulent avec cette abondance. Nous nous hâtâmes de quitter ce campement insalubre. J'étais inquiet de la journée pour nos jeunes malades. Heureusement, grâce à leur âge, leur indisposition ne devait pas avoir de suite ; et le bon Dieu nous réservait, pour le soir, une joyeuse entrée à Nazareth.

VII

LE MONT THABOR

Le soleil dorait les cimes des montagnes de Gelboé. Une plaine immense s'ouvrait devant nous et courait, sur un espace de dix lieues, jusqu'au pied des hauteurs de Nazareth. Le panorama était splendide : au couchant, le Carmel, si plein de sonvenirs ; au levant, les bords encaissés du Jourdain ; au centre, le petit Hermon ; et vers le nord apparaissait la cime immortelle du Thabor.

Rien de si simple, au premier aspect, que de pousser fortement son cheval dans la plaine immense, pour arriver plus rapidement à ce sanctuaire où *l'ange du Seigneur annonça à Marie qu'elle serait mère de Dieu*. Et cependant l'expérience de nos devanciers nous invite à la prudence. L'un d'eux surtout se trouva mal de s'être engagé, sans précautions, dans ces fondrières. Pendant qu'il cheminait pasiblement sur un étroit sentier, il vit tout à coup ses bêtes de charge disparaître et s'enfoncer dans la boue jusqu'au naseau. Les moucres eux-mêmes, dans la fange jusqu'à la ceinture, poussaient des cris et blasphémaient comme des démons. Leurs fouets n'ayant plus de prise sur les animaux, ils avaient recours à leurs poignards, et piquaient impitoyablement leurs bêtes, au risque de les transpercer sous prétexte de leur donner du courage. Il ne se tira pas sans peine de cette terrible impasse. Tels sont les dangers de la plaine, après les fortes pluies. Alors, il faut user d'industrie, se tenir autant qu'on peut sur les bords, tâtonner, et ne poser le pied qu'à coup sûr. Il fait sec aujourd'hui ; mais un autre obstacle se dresse devant nous. Je n'exagère pas en affirmant que nous avons à franchir une forêt de mauvaises herbes. Moins difficile, peut-être, serait de passer à travers un taillis, dont les chênes, coupés il y a dix ans, n'auraient cessé de produire de nouveaux rejetons. Un homme à cheval est caché tout entier derrière ces hauts chardons et la multitude des plantes sauvages. De gros serpents, des sangliers et des léopards peuvent à tout moment se rencontrer sous vos pas. Le terrain est crevassé par le soleil ; les fentes sont nombreuses et si profondes qu'un cheval inattentif s'y fracasserait aisément les jambes.

Engagés dans ce dédale, nous marchons lentement, à la suite les uns des autres, lorsque se présente à nos yeux le village de Zérayn, l'ancienne Jezraël de l'Écriture.

O hommes impies, qui abusez de votre pouvoir, en opprimant les faibles, venez comtempler la justice du Seigneur près de la vigne de Naboth !

Lorsque le pauvre eut été lapidé, et lorsque le roi prévaricateur fut entré, par un assassinat, en possession de son champ, le prophète Élie se présenta parmi la foule des courtisans, se tint debout en face du trône, et prophétisa ainsi :

« L'Eternel a parlé ! A l'endroit même où les chiens ont léché le sang de Naboth, les chiens lécheront ton propre sang, ô roi ! Des chiens mangeront également Jézabel sous la muraille de Jezraël ».

Et la prophétie ne tarda pas à s'accomplir.

Achab était mort ; Ochosias, son successeur, avait péri, au bout de deux ans, d'une chute de cheval ; et Joram, son frère, devenu roi, blessé dans une guerre contre les Araméens, était venu se rétablir à Jezraël. Cependant, envoyé par Élisée, un fils de prophète était allé trouver Jéhu au moment où il se réjouissait parmi de nombreux convives. Au nom de Dieu, il l'avait sacré roi d'Israël, et l'avait chargé d'exterminer la maison d'Achab. Alors Jéhu, montant à cheval, à la tête de ses troupes, avait marché contre Jezraël.

L'événement en était là, lorsque, du sommet

d'une tour, une vigie vit venir la troupe de Jéhu, et prévint le roi, en disant : J'ai aperçu une troupe de gens armés. — Joram lui répondit : Ordonne à un cavalier d'aller au-devant d'eux et de leur demander s'ils nous apportent la paix. — Le messager fut arrêté et ne revint pas. Il en fut de même d'un second envoyé. La vigie en prévint le roi, et lui dit : Ce doit être Jéhu avec ses soldats, car ils marchent à pas précipités. — Alors Joram fit atteler son char de guerre pour aller au-devant d'eux. Ochosias, roi de Juda, l'accompagna, monté aussi sur son char. Ils rencontrèrent Jéhu dans le champ de Naboth.

— « Est-ce que tu m'apportes la paix, Jéhu, cria le roi ?

— « Comment, la paix ? répondit Jéhu, la paix avec la luxure et les sortiléges de ta mère Jézabel. »

A ces mots, Joram tourna bride et voulut s'enfuir, en criant au roi de Juda : C'est une trahison, Ochosias ! — Mais Jéhu lui lança une flèche, qui pénétra entre les deux épaules, traversa le cœur et sortit par la poitrine. Joram tomba sur les genoux dans son char. Alors Bidkar, l'un des capitaines de Jéhu, prit le corps de Jéram, et le jeta dans le champ de Naboth. Ochosias s'enfuit, et Jéhu le poursuivit en criant : Tuez-le aussi ! Ochosias fut atteint d'une flèche ; il réussit pourtant à gagner Meggiddo, où il mourut de ses blessures.

Cependant Jézabel, les yeux peints avec art et

la tête ornée, se tenait à une fenêtre du palais. Lorsqu'elle vit approcher la troupe : Tu m'apportes sans doute la paix, Jéhu ? s'écria-t-elle. — Et Jéhu, levant la tête, aperçut la reine impie : A moi, s'écria-t-il ; à moi, mes fidèles ! — Et trois eunuques se montrèrent. — Jetez-la par la fenêtre, cria Jéhu. — Et ils le firent. Le sang de Jézabel rejaillit sur les mur et sur les chevaux. Jéhu foula aux pieds son cadavre ; puis il entra dans le palais, et il se fit servir à manger. Et quand il se fut rassasié, il dit aux serviteurs : Voyez ce qu'est devenu le corps de cette maudite ; ensevelissez-le, car elle est fille de roi. — Ils allèrent pour ensevelir le corps de Jézabel, mais ils ne trouvèrent plus que le crâne, les pieds et les mains. Les chiens l'avaient dévorée.

Deux jours après, on apporta dans des paniers, les têtes des soixante-dix fils de Joram, qui étaient à Sanarie.

Ainsi fut vengé le sang de Naboth !

Voici, au sortir de Jezraël, le Djébel-el-Dahy, le petit Hermon de l'Ecriture, celui dont il est dit: Thabor et Hermon tressaillent à votre nom, ô Seigneur. Il présente une masse verdoyante, formée d'herbages peu épais et sans un buisson. Il ne faudrait pas le confondre avec cet autre Hermon de l'Ecriture, qui est inconstestablement le plus grand, et dont nous verrons les cimes couvertes de neiges éternelles, en parcourant l'Anti-Liban. Sur ses flancs, deux villages entourés d'orangers et de figuiers, vraies oasis au milieu du désert ; sur son point le plus élevé, une mosquée avec le triste croissant. Impossible de trouver de bon goût l'étrange parure des femmes de ce pays. Elles se percent les narines pour y suspendre un de ces gros anneaux avec lesquels nous réunissons des clefs. Voici encore le village de Soulem, où le fils de la Sunamite fut ressuscité par le prophète Elisée. Voici Naïm où Notre-Seigneur, voyant une pauvre veuve suivre le convoi funèbre de son enfant, se sentit ému des larmes de la mère, toucha le cercueil et ressuscita l'enfant. Mais, surtout, voici le Thabor !

Au commencement, lorsque Dieu fit les montagnes, sa main puissante semble avoir formé le Thabor pour la gloire, comme il entoura le Sinaï d'une majesté pleine de sublime horreur. Il le dressa au milieu de la plaine d'Esdrelon, sans le relier aux chaînes voisines. Il arrondit ses contours, et lui donna la forme d'un dôme immense élevé à sa gloire. D'un côté seulement, il le rendit accessible et disposa les assises de ses rocs, solides comme d'immenses degrés pour conduire au ciel. Il le fit si beau que lui-même paraît en être épris. Il en fait un terme de comparaison pour exprimer la puissance, la force, et la splendeur. « Je jure par moi-même, dit le Roi qui s'appelle le Dieu des armées, que Nabuchodonosor, à sa venue, paraîtra comme le Thabor entre les montagnes. » — Sa hauteur est de dix sept cent cinquante-cinq pieds au-dessus de la Méditerranée; de trois cent quatre-vingt-quatorze pieds au-dessus de Nazareth, et de deux mille trois cent quatre-vingts pieds au-dessus du lac de Tibériade. Il est de nature calcaire Il faut près d'une heure pour atteindre à son sommet.

Un jour, il lui fut donné de voir ce que nulle génération humaine ne devait être appelé à comtempler, à l'exception de quatre témoins privilégiés. Au milieu de cette lumière inaccessible dans laquelle vivent les anges, avec un éclat plus admirable mille fois et plus brillant que le soleil au jour de ses plus vives clartés, Notre-Seigneur parut transfiguré. Ses vêtements étaient blancs comme la neige, son visage resplendissait au point que nul regard humain n'en pouvait soutenir la splendeur. La gloire de Jéhovah l'environnait, Et tout à coup, des profondeurs de l'éternité, deux amis de Dieu vinrent s'entretenir avec lui. C'était Moïse, Moïse auquel il avait été donné de pénétrer dans cette nue terrible du Sinaï que sillonnaient les éclairs et qu'ébranlaient les éclats du tonnerre ; Moïse, qui, pendant quarante jours et quarante nuits, avait demeuré sur cette montagne où reposait la majesté de Dieu ; Moïse ; le Sauveur des tribus d'Israël : c'était encore Élie, grand parmi les prophètes , terrible aux enfants de Baal ; Élie qui fut enlevé dans un char de feu traîné par des chevaux de feu et qui doit revenir à la fin des temps : Moïse et Élie les deux plus illustres représentants de la loi et des prophètes. Et une voix se fit entendre ; elle descendait du ciel, et elle disait : « Celui-ci est mon fils bien-aimé ; écoutez-le ! » Et les deux disciples Pierre et Jean assistaient à ce spectacle sans égal ; et leur cœur était inondé de joie et d'amour ; et Pierre s'écriait avec transport : « Seigneur, il est bon pour nous d'être ici ; ne quittons point cette montagne. Si vous y consentez, nous y dresserons trois tentes, et nous y demeurerons toujours ». — Et le Thabor, étonné de porter tant d'honneur, se sentait tressaillir.

Les Arabes appellent cette montagne Djébel-el-Nour, montagne de la lumière. Son plateau supérieur présente une étendue d'une demi-lieue de tour, environné de murailles qui paraissent être les débris d'une citadelle. De tout temps il fut l'objet de la vénération des fidèles. Je ne rappellerai pas les sommes immenses versées par sainte Hélène, pour y construire une église digne de la majesté du lieu ; ni le pèlerinage de sainte Paule, au quatrième siècle ; ni les trois églises qu'y rencontra saint Antonin, au sixième : ni le couvent où fut reçu Adammamus, au septième. Saint Wilibald, au huitième siècle, y fit ses dévotions dans une église consacrée à Moïse et à Élie. En l'année 1113, les Bénédictins de Cluny y furent égorgés par les Sarrasins ; mais ce terrible exemple arrêta si peu l'élan de la dévotion qu'à la fin du même siècle, Jean Phocas y trouva un couvent grec et un couvent latin rebâtis sur les ruines encore fumantes, et des multitudes de religieux exclusivement occupés à chanter les louanges du Sauveur transfiguré. L'histoire mentionne également, d'après le moine Boniface, un grand couvent bâti par les rois de Hongrie. Qui ne se rappelle les pieux pèlerinages du roi saint Louis au mont Thabor ?

La persécution de l'enfer ne devait pas manquer de poursuivre des souvenirs vénérables. En l'année 1209, ou à peu près, Malek-Adel fit raser l'église et les couvents pour y substituer une citadelle, au-dessus de laquelle on fit flotter l'étendard de Mahomet.

L'année 1262 mit le comble à la désolation. Bibars fit un odieux massacre des solitaires du mont Thabor ; il prit des mesures sévères pour qu'ils ne fussent jamais remplacés : depuis lors, le théâtre de l'une des plus grandes merveilles du Christianisme est devenu le repaire des bêtes fauves. M. de Schubert y trouva, il y a dix ans, un pauvre chrétien d'Orient venu là pour y passer quarante jours dans le jeûne et la prière, en souvenir des quarante jours et quarante nuits de Notre-Seigneur au désert. Au milieu des ruines, trois autels sont restés debout. Les catholiques y viennent en pèlerinage le jour de la Transfiguration, et les Pères de saint François leur disent la sainte Messe.

Sur le sommet du Thabor tout parle au cœur du pèlerin. Partout où se porte la vue, c'est un souvenir de Jésus-Christ. A l'ouest, le mont Carmel ; au midi, une suite de vallées qui mènent à Jérusalem : à l'ouest, un fleuve immortel, ce Jourdain dont le nom n'a point d'égal parmi les fleuves : au nord, les cimes neigeuses du grand Hermon ; à ses pieds, les campagnes d'Esdrelon, et Mageddo, et le torrent de Cisson, et Naïm, et Sunam, et Djennin ; et cette terre enfin où tous les pas du Sauveur furent marqués par un nouveau prodige.

Il faudrait un livre pour retracer les grands événements historiques dont la plaine d'Esdrelon fut témoin, depuis le combat de Gédéon contre les Madianites, jusqu'à celui des Croisés, dont le camp fut situé sur l'emplacement même de celui de Gédéon, vers l'an 1183. Mais je ne puis résister à la satisfaction de relire les quelques pages de M. Thiers à propos de la bataille du mont Thabor. Aussi bien, n'avons-nous rien dit de l'expédition en Palestine ; et cette lacune serait impardonnable, après les souvenirs donnés aux combats d'Ibrahim-Pacha.

L'Égypte était conquise. « L'hiver de 1798 à 1799 s'écoula dans l'attente des événements. Bonaparte apprit dans cet intervalle la déclaration de la guerre de la Porte, et les préparatifs qu'elle faisait contre lui, avec l'aide des Anglais. Elle formait deux armées, l'une à Rhodes, l'autre en Syrie. Ces deux armées devaient agir simultanément au printemps de 1799, l'une en venant débarquer à Aboukir, près d'Alexandrie, l'autre en traversant le désert qui sépare la Syrie de l'Egypte. Bonaparte sentit sur le champ sa position et voulut, suivant son usage, déconcerter l'ennemi en le prévenant par une attaque soudaine. Il ne pouvait pas franchir le désert qui sépare l'Egypte de la Syrie dans la belle saison, et il résolut de profiter de l'hiver pour aller détruire les rassemblements qui se formaient à Acre, à Damas, et dans les villes principales. Le célèbre pacha d'Acre, Djezzar, était nommé séraskier de l'armée en Syrie. Abdallah, pacha de Damas, commandait son avant-garde, et s'était avancé jusqu'au fort d'El-Arisch, qui ouvre l'Égypte du côté de la Syrie. Bonaparte voulut agir sur-le-champ ; il avait des intelligences parmi les peuplades du Liban. Les tribus chrétiennes, les metoualis, mahométans schismatiques, lui offraient leurs secours et l'appelaient de tous leurs vœux. En brusquant l'assaut de Jaffa, d'Acre et de quelques places mal fortifiées, il pouvait s'emparer en quelque temps de la Syrie, ajouter cette belle conquête à celle de l'Égypte, devenir maître de l'Euphrate comme il l'était du Nil, et avoir alors toutes les communications avec l'Inde. Son ardente imagination allait plus loin encore, et formait quelques-uns des projets que ses admirateurs lui prêtaient en Europe. Il n'était pas impossible qu'en soulevant les peuples du Liban, il réunît soixante ou quatre-vingt mille auxiliaires, et qu'avec ces auxiliaires, appuyés de vingt-cinq mille soldats, les plus braves de l'univers, il marchât sur Constantinople pour s'en emparer. Que ce projet gigantesque fût exécutable ou non, il est certain qu'il occupait son imagination ; et quand on a vu ce qu'il a fait, aidé de la fortune, on n'ose plus déclarer insensé aucun de ses projets.

« Bonaparte se mit en marche dans les premiers jours de février, à la tête des divisions Kléber, Régnier, Lannes, Bon et Murat, fortes de treize mille hommes environ. La division de Murat était composée de la cavalerie. Bonaparte avait créé un régiment d'une arme toute nouvelle ; c'était celui des dromadaires. Deux hommes, assis dos à dos, étaient portés sur un dromadaire, et pouvaient, grâce à la force et à la célérité de ces animaux, faire vingt-cinq ou trente lieues sans s'arrêter. Bonaparte avait formé ce régiment pour donner la chasse aux Arabes, qui infestaient les environs de l'Egypte. Ce régiment suivait l'armée d'expédition. Bonaparte ordonna en outre au contre-amiral Perrée de sortir d'Alexandrie avec trois frégates, et de venir sur la côte de Syrie pour y transporter l'artillerie de siège, et les munitions. Il arriva devant le fort d'El-Arisch, le 17 février. Après un peu de résistance, la garnison se rendit prisonnière au nombre de treize cents hommes. On trouva dans le fort des magasins considérables. Ibrahim-Bey, ayant voulu le secourir, fut mis en fuite; son camp resta au pouvoir des Français, et leur procura un butin immense. Les soldats eurent beaucoup à souffrir en traversant le désert; mais ils voyaient leur général marchant à leurs côtés, supportant, avec une santé débile, les mêmes privations, les mêmes fatigues, et ils n'osaient se plaindre. Bientôt on arriva à Gaza; on prit cette place à la vue de Djezzar-Pacha, et on y trouva, comme dans le fort d'El-Arisch, beaucoup de matériel et d'approvisionnements. De Gaza l'armée se dirigea sur Jaffa, l'ancienne Joppé. Elle y arriva le 3 mars. Cette place était entourée d'une grosse muraille flanquée de tours. Elle renfermait quatre mille hommes de garnison. Bonaparte la fit battre en brêche, et puis somma le commandant, qui, pour toute réponse, coupa la tête au parlementaire. L'assaut fut donné, la place emportée avec une audace extraordinaire, et livrée à trente heures de pillage et de massacres. On y trouva encore une quantité considérable d'artillerie et de vivres de toutes espèces. Il restait quelques mille prisonniers, qu'on ne pouvait pas envoyer en Egypte, parce qu'on n'avait pas les moyens ordinaires de les faire escorter, et qu'on ne voulait pas renvoyer à l'ennemi, dont ils auraient grossi les rangs. Bonaparte se décida à une mesure terrible, et qui est le seul acte cruel de sa vie. Transporté dans un pays barbare, il en avait involontairement adopté les mœurs : il fit passer au fil de l'épée les prisonniers qui lui restaient. L'armée consomma avec obéissance, mais avec une espèce d'effroi, l'exécution qui lui était commandée. Nos soldats prirent, en s'arrêtant à Jaffa, les germes de la peste.

« Bonaparte s'avança ensuite sur Saint-Jean-d'Acre, l'ancienne Ptolémaïs, située au pied du mont Carmel. C'était la seule place qui pût encore l'arrêter. La Syrie était à lui s'il pouvait l'enlever. Mais Djezzar s'y était enfermé avec toutes ses richesses et une forte garnison. Il comptait sur l'appui de Sidney-Smith, qui croisait dans ces parages, et qui lui fournirait des ingénieurs, des canonniers et des munitions. Il devait d'ailleurs être bientôt secouru par l'armée turque réunie en Syrie, qui s'avançait de Damas pour franchir le Jourdain. Bonaparte se hâta d'attaquer la place pour l'enlever comme celle de Jaffa, avant qu'elle fût renforcée de nouvelles troupes, et que les Anglais eussent le temps d'en perfectionner la défense. On ouvrit aussitôt la tranchée. Malheureusement, l'artillerie de siège, qui devait venir par mer d'Alexandrie, avait été enlevée par Sidney-

Smith. On avait pour toute artillerie de siège et de campagne une canonnade de 32, quatre pièces de 12, huit obusiers, et une trentaine de pièces de 4. On manquait de boulets, mais on imagina un moyen de s'en procurer. On faisait paraître sur la plage quelques cavaliers ; à cette vue Sidney-Smith faisait un feu roulant de toutes ses batteries, et les soldats, auxquels on donnait cinq sous par boulet, allaient les ramasser au milieu de la canonnade et des rires universels.

« La tranchée avait été ouverte le 20 mars. Le général du génie Sanson, croyant être arrivé dans une reconnaissance de nuit au pied du rempart, déclara qu'il n'y avait ni contrescarpe, ni fossé. On crut n'avoir à pratiquer qu'une simple brèche et à monter ensuite à l'assaut. Le 25 mars, on fit brèche, on se présenta à l'assaut, et on fut arrêté par une contrescarpe et un fossé. Alors on se mit sur-le-champ à miner. L'opération se faisait sous le feu de tous les remparts et de la belle artillerie que Sidney-Smith nous avait enlevée. Il avait donné à Djezzar d'excellents pointeurs anglais, et un ancien émigré, Philippeaux, officier de génie d'un grand mérite. La mine sauta le 28 mars, et n'emporta qu'une partie de la contrescarpe. Vingt-cinq grenadiers, à la suite du jeune Mailly, montèrent à l'assaut. En voyant ce brave officier poser une échelle, les Turcs furent épouvantés, mais Mailly tomba mort. Les grenadiers furent alors découragés, les Turcs revinrent ; deux bataillons qui suivaient furent accueillis par une horrible fusillade ; leur commandant Laugier fut tué, et l'assaut manqua encore.

« Malheureusement, la place venait de recevoir plusieurs mille hommes de renfort, une grande quantité de canonniers exercés à l'européenne, et des munitions immenses. C'était un grand siège à exécuter avec treize mille hommes, et presque sans artillerie. Il fallait ouvrir un nouveau puits de mine pour faire sauter la contrescarpe entière, et commencer un autre cheminement. On était au 1er avril, il y avait déjà dix jours d'employés devant la place ; il fallait poursuivre les travaux et couvrir le siège, et tout cela avec la seule armée d'expédition. Le général en chef ordonna qu'on travaillât sans relâche à miner de nouveau, et détacha la division Kléber sur le Jourdain, pour en disputer le passage à l'armée venant de Damas.

« Cette armée, réunie aux peuplades des montagnes de Naplouse, s'élevait à environ vingt-cinq mille hommes. Plus de douze mille cavaliers en faisaient la force. Elle traînait un bagage immense. Abdallah, pacha de Damas, en avait le commandement. Elle passa le Jourdain au pont de Jacoub, le 4 avril. Junot, avec l'avant-garde de kléber, forte de cinq cents hommes au plus, rencontra les avant-gardes turques sur la route de Nazareth, le 8 avril. Loin de reculer, il brava hardiment l'ennemi, et formé en carré, couvrit le champ de bataille de morts, et prit cinq drapeaux. Mais, obligé de céder au nombre, il se replia sur la division Kléber. Celle-ci s'avançait, et hâtait sa marche pour rejoindre Junot. Bonaparte, instruit de la force de l'ennemi, se détacha avec la division Bon, pour soutenir Kléber, et livrer une bataille décisive. Djezzar, qui se concertait avec l'armée qui venait le débloquer, voulut faire une sortie ; mais, mitraillé à outrance, il laissa nos ouvrages couverts de ses morts. Bonaparte se mit aussitôt en marche.

« Kléber, avec sa division, avait débouché dans les plaines qui s'étendent au pied du mont Thabor, non loin du village de Fouli. Il avait eu l'idée de surprendre le camp turc pendant la nuit, mais il était arrivé trop tard pour y réussir. Le 16 avril au matin, il trouva toute l'armé turque en bataille, quinze mille fantassins occupaient le village de Fouli, plus de douze mille cavaliers se déployaient dans la plaine. Kléber avait à peine trois mille fantassins en carré. Toute cette cavalerie s'ébranla et fondit sur nos carrés ; jamais les Français n'avaient vu tant de cavaliers caracoler, charger, se mouvoir dans les sens. Ils conservèrent leur sang-froid accoutumé, et, les recevant à bout portant par un feu terrible, ils en abattirent à chaque charge un nombre considérable. Bientôt ils eurent formé autour d'eux un rempart d'hommes et de chevaux, et, abrités par cet horrible abatis, ils purent résister six heures de suite à toute la furie de leurs adversaires. Dans ce moment, Bonaparte débouchait du mont Thabor avec la division Bon. Il vit la plaine couverte de feu et de fumée, et la brave division Kléber résistant, à l'abri d'une ligne de cadavres. Sur-le-champ, il partagea la division qu'il amenait en deux carrés ; ces deux carrés s'avancèrent de manière à former un triangle équilatéral avec la division Kléber, et mirent ainsi l'ennemi au milieu d'eux. Ils marchèrent en silence, et sans donner aucun signe de leur approche, jusqu'à une certaine distance ; puis, tout à coup, Bonaparte fit tirer un coup de canon, et se montra alors sur le champ de bataille. Un feu épouvantable, partant aussitôt des trois extrémités de ce triangle, assaillit les Mameluks qui étaient au milieu, les fit tourbillonner sur eux-mêmes, et fuir en désordre dans toutes les directions. La division Kléber, redoublant d'ardeur à cette vue, s'élança sur le village de Fouli, l'enleva à la bayonnette, et fit un grand carnage de l'ennemi. En un instant toute cette multitude s'écoula, et la plaine ne fut plus couverte que de morts. Le camp turc, les trois queues du Pacha, quatre cents chameaux, un butin immense devinrent la proie des Français. Murat, placé sur les bords du Jourdain, tua un grand nombre de fugitifs. Bonaparte fit brûler tous les villages des Naplousins ; six mille Français avaient détruit cette armée que les habitants disaient innombrable *comme les étoiles du ciel et les sables de la mer.*

« Pendant cet intervalle, on n'avait cessé de miner, de contre-miner autour des murs de Saint-Jean d'Acre. On se disputait un terrain bouleversé par l'art des sièges. Il y avait un mois et demi qu'on était devant la place, on avait tenté beaucoup d'assauts, repoussé beaucoup de sorties, tué beaucoup de monde à l'ennemi ; mais, malgré de continuels avantages, on faisait d'irréparables pertes de temps et d'hommes. Le 7 mai, il arriva dans le port d'Acre un renfort de douze mille hommes. Bonaparte, calculant qu'ils ne pourraient pas être débarqués avant six heures, fait sur-le-champ jouer une pièce de 24 sur un pan de mur ; c'était à la droite du point où depuis quelque temps on déployait tant d'efforts. La nuit venue, on monte à la brèche, on envahit les travaux de l'ennemi, on les comble, on encloue les pièces, on égorge tout, enfin on est maître de la place, lorsque les troupes débarquées s'avancent en bataille, et présentent une masse effrayante. Ramcrut, qui commandait les premiers grenadiers montés à l'assaut, est tué ; Lannes est blessé. Dans le même moment, l'ennemi fait une sortie, prend la brèche à revers, et coupe la retraite aux braves qui avaient pénétré dans la place. Les uns parviennent à ressortir ; les autres, prenant un parti désespéré, s'enfuient dans une mosquée, s'y retranchent, y épuisent leurs dernières cartouches, et sont prêts à vendre chèrement leur vie, lorsque Sidney-Smith, touché de tant de bravoure, leur fait accorder une capitulation. Pendant ce temps, les troupes de siège, marchant sur l'ennemi, le ramènent dans la place après en avoir fait un carnage épouvantable et lui avoir enlevé huit cents prisonniers. Bonaparte, obstiné jusqu'à la fureur, donne deux jours de repos à ses troupes, et, le 10 mai, ordonne un nouvel assaut. On y monte avec la même bravoure ; on escalade la brèche, mais on ne peut pas la dépasser. Il y avait là toute une armée gardant la place et défendant toutes les rues. Il fallut y renoncer.

« Il y avait deux mois qu'on était devant Acre, on avait fait des pertes irréparables, et il eût été imprudent de s'exposer à en faire davantage. La peste était dans cette ville, et l'armée en avait pris le germe à Jaffa. La saison des débarquements approchait et on annonçait l'arrivée d'une armée turque vers les bouches du Nil. En s'obstinant davantage, Bonaparte pouvait s'affaiblir au point de ne pouvoir repousser de nouveaux ennemis. Le fond de ses projets était réalisé, puisqu'il avait détruit les rassemblements formés en Syrie, et que de ce côté il avait réduit l'ennemi à l'impuissance d'agir. Quant à la partie brillante de ces mêmes projets, quant à ces vagues et si merveilleuses espérances de conquêtes en Orient, il fallait y renoncer. Il se décida enfin à lever le siège. Mais son regret fut tel que malgré sa destinée inouïe, on lui a entendu répéter souvent en parlant de Sideney-Smith : *Cet homme m'a fait manquer ma fortune.* Les Druses, qui pendant le siège, avait nourri l'armée, toutes les peuplades ennemies de la Porte, apprirent sa retraite avec désespoir.

« Il avait commencé le siège le 20 mars, il le leva le 20 mai : il y avait employé deux mois. Avant de quitter Saint-Jean d'Acre, il voulait laisser une terrible trace de son passage ; il accabla la ville de ses feux et la laissa presque réduite en cendres. Il reprit la route du désert. Il avait perdu par le feu, les fatigues ou les maladies, près du tiers de son armée d'expédition, c'est-à-dire, environ quatre mille hommes. Il emmenait douze cents blessés. Il se mit en marche pour repasser le désert. Il ravagea sur sa route tout le pays, et y imprima une profonde terreur. Arrivé à Jaffa, il en fit sauter les fortifications. Il y avait là une ambulance pour nos pestiférés. Les emporter était impossible : en ne les emportant pas, on les laissait exposés à une mort inévitable, soit par la maladie, soit par la faim, soit par la cruauté de l'ennemi. Aussi Bonaparte dit-il au médecin Desgenettes, qu'il y aurait bien plus d'humanité à leur administrer de l'opium qu'à leur laisser la vie ; à quoi ce médecin fit cette réponse fort vantée : « Mon métier est de les guérir, et non de les tuer ».

Enfin Bonaparte retourna en Égypte après une promenade militaire de trois mois. Depuis lors, nulle armée française n'a remis le pied en ces pays jusqu'aux jours des odieux massacres de 1860, dont nous aurons l'occasion de parler à propos de nos courses au Liban.

VIII

NAZARETH

Enfin nous avons atteint les frontières de Galilée.

« Si on voulait donner une idée générale de son aspect, nous disent les auteurs de la Correspondance d'Orient, ce ne serait point la France qui fournirait la similitude, mais l'Agro-Romano. Autour de Nazareth, comme autour de Rome, c'est partout la même lumière, les mêmes sites, la même configuration du sol : la terre y a plus d'images que de culture, plus de poésie que d'industrie agricole. La nature y est sublime comme l'Evangile, et pour me résumer sur le pays du Christ, il suffit d'ajouter qu'après avoir visité la Palestine, la Judée et la Samarie, j'ai retrouvé ici l'ensemble de ces trois pays. Entre la plaine de saint-Jean d'Acre et Séphoris, on croit voir les montagnes nues de la Judée ; autour de Séphoris, les beaux sites qui embellissent les environs de Naplouse ; au pied du Thabor, les plaines magnifiques de la Palestine. La

Galilée est un tableau abrégé de la Terre sainte, et quand on l'a vue sous tous les aspects du jour et de la nuit, on comprend ce qu'elle fut du temps de Jésus-Christ, ce qu'elle était au moyen âge sous les rois latins, et ce qu'elle est maintenant sous l'absurde pouvoir d'un pacha. Pour un artiste, la Galilée est un Eden, comme elle est pour un pèlerin un sanctuaire. Rien ne lui manque, ni les accidents du sol de la Judée, ni les solitudes lumineuses de la Palestine, ni de la verdoyante fécondité de la Samarie. Le Garizim et le mont des Oliviers ne sont pas plus sublimes que l'Hermon et le Thabor, ni les plages bleuâtres d'Ascalon plus solennelles que les rives parfumées du lac de Tibériade, où l'onde disparaît sous la lumière. Le sol galiléen offre partout de l'histoire et des miracles, des traces de héros et l'empreinte d'un Dieu, et on sent, en contemplant la Galilée des hauteurs du Thabor, qu'elle fut le pays qu'habita l'Homme-Dieu, tant les souvenirs religieux, les merveilles de la terre et du ciel s'y mêlent à l'infini. »

Allons, et contemplons de nos yeux, ce que nous avons dû croire jusqu'ici sur la foi de nos devanciers.

Au bord du torrent de Cisson, les fils du consul de France à Nazareth, six beaux jeunes hommes nous attendent à cheval. Ils s'offrent gracieusement à nous conduire au sanctuaire du Verbe Incarné : nous les remercions avec joie, et nous organisons notre corètge pour arriver à la ville bénie. M. le duc de Lorges, entouré des membres du bureau et des fils du consul, ouvre la marche. Le kawas nous précède, tenant à la main la canne à pommeau d'argent, emblème de l'autorité consulaire. Nous suivons encore le chemin de la plaine durant une heure; alors commence une montée difficile et glissante, au bout de laquelle il nous sera donné de voir Nazareth ! Nos pensées deviennent graves; notre cœur se remplit d'émotion. Bientôt, le son lointain des cloches se fait entendre ; toute la popupulation se porte à notre rencontre, et la ville de Jésus, de Marie, et de Joseph nous apparaît doucement couchée en amphithéâtre sur le flanc d'une montagne. Devant elle, une plaine, bien cultivée et plantée de beaux oliviers, s'étend jusqu'au pied du couvent de Terre-Sainte, comme le jardin d'un grand château. A la porte de Casa-Nova, les Pères de Saint-François nous accueillent avec leur cordialité habituelle. Sans perdre de temps, nous les suivons pour aller nous prosterner à l'endroit même où fut la maison de la sainte Vierge, où l'archange Gabriel annonça à Marie qu'elle serait mère de Dieu, où le Verbe adorable s'est fait chair, où la seconde personne de la sainte Trinité a pris un corps semblable au nôtre, pour nous racheter de la mort éternelle. Après quelques minutes d'adoration, on nous introduit au divan. On nous présente la limonade et le café : puis on nous distribue nos chambres. Les prêtres et les pélerins les plus graves habiteront le couvent ; les jeunes gens et moi, nous irons à Casa-Nova, où nos amis nous rejoindront chaque jour à l'heure des repas.

Comment Nazareth devint-elle le séjour de Joseph et de Marie ?

Bethléem était le berceau de David ; on l'appelait la cité des Rois, la ville de Juda ; les prophètes annonçaient qu'une gloire immense lui était réservée et qu'elle donnerait naissance au Messie promis à la terre. Il semble que les deux fils de Juda auraient dû lui donner la préférence. Béthléem était encore un des lieux les plus fertiles de la Judée. Le froment, la vigne, l'olivier, y croissaient admirablement. Les récoltes y étaient abondantes, et la vie par conséquent facile. Aujourd'hui même, malgré de longs malheurs, Béthléem se présente comme une gracieuse oasis parmi les rochers arides de la Judée. La verdure de ses campagnes offre un contraste frappant avec les plaines et les montagnes d'alentour. On y récolte un vin beaucoup supérieur à celui de Jérusalem. J'y ai mesuré moi-même, trois mois avant les vendanges, des grappes de raisin qui avaient déjà deux pieds et demi de long. Nazareth, au contraire, était une petite ville entièrement ignorée. Elle passait pour le dernier endroit du monde. Elle était même le sujet d'un proverbe injurieux : on disait communément : Peut-il sortir rien de bon de Nazareth ? — Elle fut cependant préférée. Peut-être son obscurité même lui donna-t-elle un charme particulier. Sainte Anne paraît y avoir possédé un petit bien : elle le donna sans doute à sa fille, et en détermina ainsi les préférences ;

La demeure était petite ; elle n'avait pas de premier étage : et même le rez-de-chaussée était d'une seule pièce : seulement, pour la commodité de sa fille, sainte Anne avait fait élever, vers le fond de la pièce, une petite cloison en roseau derrière laquelle un réduit de trois mètres sur un mètre et demi de large formait l'habitation de Marie. La plus grande place était réservée pour l'atelier de Joseph. Les murs, construits sans règle et sans niveau, ne suivaient pas exactement la ligne droite. Leur enduit grossier laissait apercevoir, çà et là, les saillies de la pierre brute. Une mauvaise porte fermait à peine la modeste demeure.

Toute autre que Marie eût frissonné devant cette masure où elle allait ensevelir sa jeunesse ; mais elle, au contraire, se prosterna sur le seuil pour le baiser, au moment où Joseph l'y conduisit pour la première fois, et, dans un élan d'amour, elle s'écria :

« Mon âme s'est envolée du milieu du monde, comme le passereau échappe joyeux au filet de l'oiseleur.

« Votre servante, ô mon Dieu, semblable au passereau solitaire, se réjouit d'avoir trouvé une demeure, et la tourterelle est heureuse d'avoir un nid pour s'abriter contre l'orage ».

Pèlerin de Nazareth, je veux contempler moi-même le mystère de la sainte Famille. A l'extrémité du dernier village de la terre, une petite rue sale et boueuse me conduit à une maison, si pauvre et si petite, que bien des étables la surpasseraient, je ne dis pas seulement en étendue, mais en élégance. Je pousse la mauvaise porte de cette maison ; elle tient à peine sur ses gonds, elle cède en criant, et j'aperçois, à travers l'ouverture, un atelier de charpentier, mais quel atelier, mon Dieu ! un mauvais établi, quelques planches, un petit nombre d'instruments suspendus au mur, un travail commencé, des copeaux épars, voilà tout ! Au fond, derrière le treillis, une table de bois et deux petits escabeaux, deux écuelles de terre, quelques vases grossiers en faïence, une pièce d'étoffe à demi cousue.

Les habitants de la maison sont aussi simples et aussi pauvres que leur mobilier. La jeune vierge est couverte d'une longue robe bleue à larges manches, en laine commune. Un voile de même étoffe et de même couleur couvre sa tête et cache presqu'entièrement son visage. Son fiancé porte une robe brune, fixée par une ceinture de cuir. Son front dépouillé de cheveux, est bruni par le soleil. Il est courbé sur l'ouvrage, et la sueur ruisselle de son front. Pendant qu'il travaille, Marie a soin du pauvre ménage. Elle veille au foyer, prépare les aliments, va puiser de l'eau à la fontaine. De temps en temps, confondue avec les filles du pays, un paquet sur la tête, elle va faire une pauvre lessive dans le réservoir commun. Elle emploie le temps qui lui reste, à filer le chanvre et le lin.

Les villageois, parmi lesquels Joseph et Marie sont destinés à vivre, sont des hommes grossiers, des laboureurs sans instruction, des êtres charnels, indifférents pour les choses de Dieu, uniquement préoccupés de leurs affaires. Je les regarde passer devant la petite maison. Ils marchent d'un pas lourd et pesant. Ils vont aux champs. Ils poussent devant eux des bestiaux. Quelquefois ils s'arrêtent pour commander de l'ouvrage, faire raccommoder une charrue ou tout autre objet de ce genre. Plusieurs se plaignent du travail ; d'autres ont le triste courage de refuser le salaire convenu, sous prétexte qu'il est trop élevé, et réellement parce qu'ils sont avares et compte sur la charité de Joseph. Quelle humiliation pour les deux saints fiancés !

Ah ! s'il m'était donné de percer le voile de l'avenir, je verrais, à quelques années de là, un miracle plus extraordinaire encore.

Un troisième personnage viendra s'adjoindre à cette admirable famille. Ce sera le Fils de Dieu lui-même, devenu l'enfant Jésus.

Il apparaîtra au monde, plein de grâce et de modestie. Plus beau que tous les enfants des hommes, il couvrira les avantages de sa taille svelte d'une longue robe de laine. Une belle chevelure, d'un blond ardent, retombant sur ses épaules, abritera son beau visage et ses traits réguliers. Or, tandis qu'une multitude d'anges invisibles l'accompagneront partout et adoreront en lui le Créateur du ciel et de la terre, lui, modeste et simple, se réduira au rôle d'un pauvre apprenti, dans la maison de son père nourricier. Il aidera Joseph à l'atelier. Il portera le travail à ceux qui l'auront commandé. On le recevra comme un de ces pauvres manœuvres, auxquels on croit faire beaucoup de grâce en leur donnant à manger, dans un coin de la basse-cour, le reste d'un repas de domestiques. On le rebutera quelquefois ; on le traitera avec mépris, et on reconnaîtra, peut-être, sa douce conduite par des injures. Et lui, il supportera ces indignités sans se plaindre. D'un seul mot, il pourrait faire rentrer ces misérables dans le néant ou les précipiter en enfer. Mais il ne connaît pas la vengeance ; il offrira ses humiliations et ses souffrances pour le salut de ceux qui l'outragent.

Cependant nous ne devons point anticiper sur les événements, Joseph et Marie sont encore seuls dans la maison de Nazareth ; c'est d'eux seuls que nous avons à nous occuper. Tandis qu'ils se livrent au travail et à la prière dans la solitude, quelque chose de bien grand se prépare pour eux. Le Père céleste a contemplé la terre. Il a eu pitié de sa misère, et il veut lui envoyer un Sauveur. Il cherche à quelles mains il pourra confier son fils unique. Du haut de son trône, il a jeté sur le monde un vaste regard. Il a vu bien des rois, bien des capitaines fameux, bien des hommes riches et puissants, et il les a dédaignés, parce qu'ils ont le cœur charnel et rempli de l'amour de la terre. Il a méprisé aussi les demeures somptueuses et les palais des grands du monde. Et son œil s'est arrêté sur la petite maison de Nazareth. Là, point de luxe, ni éclat, ni apparence de grandeur humaine; mais dans les poitrines des habitants de cette pauvre demeure battent les deux cœurs les plus purs de la terre. Le choix de Dieu est fait ! C'est à Nazareth que Jésus-Christ prendra sa demeure. Marie, l'humble Marie deviendra sa mère !

Voici, d'après une pieuse révélation, comment s'accomplit le mystère. Joseph était absent. Vers la fin du jour, Marie était en prière, les mains jointes sur la poitrine; et son oraison ressemblait à de l'extase. Alors un rayon de la plus pure lumière des cieux pénétra dans sa cellule, et, au milieu de ce rayon, un ange aux vêtements blancs comme la neige, aux grands cheveux blonds, au visage céleste, descendit peu à peu vers la terre. Lorsqu'il eut touché le sol de son pied aérien, il inclina devant Marie, en signe de respect, le lis qu'il tenait dans sa main, et, sur un ton dont la parole humaine ne rendit jamais la mélodieuse harmonie, il dit :

« Je vous salue, Marie ; vous êtes pleine de grâce ; le Seigneur est avec vous ! »

Et Marie fut troublée de cette apparition. Mais l'ange reprit aussitôt :

« Ne craignez pas, ô Marie ! Voilà que le Seigneur a jeté les yeux sur vous ; et vous concevrez, et vous enfanterez un fils, qui sera le Messie promis à la terre, le Fils de Dieu même ».

Et Marie répondit :

« Comment cela pourrait-il se faire, car j'ai promis à Dieu de vivre toujours vierge ? »

Et l'ange reprit :

« Dieu fera un miracle. Le Saint-Esprit vous couvrira de son ombre ; et vous resterez éternellement vierge ».

Alors Marie inclinant la tête, répondit humblement :

« Je suis la servante du Seigneur ; qu'il me soit fait selon votre parole ».

Au même instant la sainte Vierge fut environnée d'une lumière éclatante comme le soleil. Elle devint elle-même lumineuse, et comme diaphane. Il semblait que ce qu'il y avait d'opaque en elle, s'évanouit dans cette lumière, comme la nuit devant le jour. Elle était tellement inondée de clarté, que rien en elle ne faisait ombre. Elle était resplendissante. Elle ressemblait à la lumière même. Le ciel était ouvert. La voie lumineuse par laquelle l'ange était descendu, montait jusqu'au-dessus des nuages. A l'extrémité supérieure de ce fleuve de lumière, apparaissait la sainte Trinité, comme un triangle lumineux dont les rayons se pénétraient réciproquement. Et, par un miracle admirable, à l'autre extrémité de la colonne de feu, à travers le cœur transparent de Marie, on voyait, au milieu des rayons étincelants, l'enfant Jésus qui se tenait debout, le visage souriant, et une croix à la main. L'ange était prosterné. Un peu après, il se releva, et s'évanouit dans l'air comme ferait la vapeur légère d'un parfum très pur.

Ainsi, *le Verbe s'est fait chair, et il a habité parmi nous!*

On conçoit sans peine avec quelle pieuse vénération nous consacrâmes trois jours à parcourir Nazareth et ses environs. Nous vîmes l'atelier de saint Joseph, converti en chapelle ; la table de pierre où Notre-Seigneur prenait, dit-on, ses repas, avec la sainte Famille ; l'emplacement de l'école où Jésus enfant se rendait avec ses condisciples ; l'ancienne église des quarante Martyrs, rebâtie par les Grecs catholiques sur l'emplacement qui fut, d'après Andrichomius, la synagogue, où Notre-Seigneur prêcha souvent ; l'église de Saint-Gabriel, également relevée par les Grecs, et la fontaine de la Vierge qui coule dans cette église au pied du sanctuaire ; enfin du côté de la plaine d'Esdrelon, le rocher du haut duquel les Juifs voulurent, un jour, précipiter Jésus-Christ.

Nous habitons une véritable forteresse, qui soutiendrait aisément un siège. Forteresse et couvent sont deux mots étonnés de se trouver ensemble : mais, à Nazareth, il serait imprudent de ne point organiser le couvent pour la défense. Les incursions des Bédouins rendent cette précaution absolument nécessaire.

Les Dames françaises de Nazareth ont ici un petit couvent appelé à faire le plus grand bien. Elles tiennent une école pour les jeunes filles ; elles ont un dispensaire, qui attire une multitude de malades et de pauvres gens à la maison de Dieu et soulage bien des misères. Croirait-on que de cette humble maison est sorti le salut pour les chrétiens de la Galilée, à l'époque des massacres de 1860 ? Un chef puissant du désert avait eu son neveu horriblement mutilé, dans un combat de tribu à tribu. Il le porte à demi-mort à l'hospice de Nazareth. Une religieuse dévouée, madame de Karcouët, lui prodigue des soins maternels ; au bout de quinze jours, le jeune homme est en pleine santé. Le chef, averti de le venir chercher, arrive à la tête d'une cavalcade imposante. « Que veux-tu ? dit-il à la religieuse. Tu as sauvé celui que j'aimais comme mon enfant. Parle ! Te faut-il cent chameaux, des bœufs, des moutons ? Ma fortune est à toi. — J'ai travaillé pour mon Dieu, répond l'humble fille de Nazareth. Je n'ai pas besoin de récompense. Je te demande seulement d'user de ta puissance pour protéger toujours les chrétiens qui adorent mon Dieu. » — Le chef le promit ; et les malheurs de 1860 lui donnèrent trop tôt l'occasion de tenir parole.

Les dames de Nazareth ne restreignent pas leurs efforts aux quelques maisons qui les entourent. Autorisées par le Patriarche de Jérusalem à s'étendre dans toute la Samarie, elles ont trouvé, dans leur dévouement, à défaut de richesses, le moyen de commencer des établissements nouveaux à Caïffa, à Chaff-Amar et à Saint-Jean-d'Acre. Espérons que, dans un avenir prochain, elles enlaceront le pays dans le réseau de leur ardente charité !

Mais l'objet principal de leur vénération à Nazareth est l'église de l'Incarnation où nous allons entrer.

IX

LA SANTA CASA.

Un homme distingué, un membre de l'Institut de France, s'écriait, il y a quelques années, devant l'autel de l'Incarnation : « Je plains de tout mon cœur celui qui entre dans un lieu pareil, sans éprouver une vive émotion, car il me paraît aujourd'hui bien difficile que cette absence d'émotion ne soit pas mensongère. Si quelques voyageurs ont la malencontreuse idée de se vanter de n'avoir rien senti là remuer au fond de leur cœur, je suis bien tenté de les considérer comme de ces fanfarons de scepticisme qui croiraient manquer à leur propre dignité, s'ils avaient le malheur de ne pas taxer d'absurdité tout ce qui dépasse la portée de leur orgueilleuse raison. Au reste, c'est là un défaut de jeunesse ; et tel qui, à vingt ans, tourne en ridicule tout ce qui, de près ou de loin, touche, à une foi religieuse quelconque, pourra bien, quelque jour, tomber dans l'excès contraire, et croire beaucoup plus de choses qu'il n'en devrait croire. En résumé, je le proclame bien haut et sans la moindre hésitation, en entrant dans cette case vénérable, je me suis senti ému jusqu'aux larmes ; il y a quelques années, j'aurais eu honte peut-être d'en convenir. A l'âge où je suis parvenu, je m'estime fort heureux d'avoir changé de pensée à cet égard. Autre ridicule que je vais me donner, sans doute, aux yeux de bien des gens et que je confesse avec tout aussi peu de ménagement, sans m'embarrasser le moins du monde du qu'en-dira-t-on ; j'avais un très vif désir d'emporter quelques parcelles détachées des parois de la sainte case ; je les ai obtenues et distribuées à ma bonne mère et à quelques amis ; tous ont eu la simplicité de préférer cet humble souvenir aux bijoux les plus précieux que j'aurais pu leur rapporter ». On croira sans peine que tous les membres de notre caravane étaient dans les mêmes dispositions, en visitant l'église de Nazareth. Les prêtres voulurent célébrer leur messe sur l'autel de l'Annonciation. Les laïques remplirent leurs devoirs religieux. Tous se confondirent dans les sentiments d'une vénération profonde.

La forme de l'église a quelque chose de bizarre ; les architectes ont été forcés, par la configuration du sol, à lui donner des proportions insolites. Elle est beaucoup trop large pour sa longueur. Le chœur est fort élevé au-dessus de la nef. On y monte par un double escalier. Entre les deux rampes, sept marches conduisent à une grotte mystérieuse, au fond de laquelle brûlent, nuit et jour, des lampes d'or et d'argent, envoyées par les souverains de l'Europe à des époques diverses. Sous un autel assez simple, et on lit cette inscription :

> Hic Verbum caro factum est !
> Ici le Verbe s'est fait chair !

Autrefois, dit-on, cette grotte s'ouvrait à fleur de terre, et la maison de la sainte Famillle y était adossée, Cette opinion n'a rien d'étrange. Beaucoup de maisons juives étaient construites de la sorte. On profitait d'une excavation pour en faire une dépendance de sa demeure, un cellier, une cave, très-souvent une chambre. A Jutta, nous avons trouvé la même disposition dans la maison de sainte Élisabeth. En Crimée, autour de Sébastopol, j'ai vu des montagnes entières dont les flancs percés de mille cavernes abritaient plusieurs familles. On ne s'y donne même pas la peine de bâtir devant le rocher. On y pratique des portes et des fenêtres, et les habitations communiquent entre elles par des galeries taillées dans le vif, la maison de la sainte Famille n'est plus là. Sous prétexte de je ne sais quelle régularité, une dévotion inintelligente en a fait recouvrir et bouleverser les fondations, de sorte que le pèlerin est obligé de recourir à l'imagination pour recomposer le petit édifice.

Le mystère s'est-il réellement opéré dans la grotte ? J'ai peine à croire. Les témoignages des souverains Pontifes en faveur de Lorette semblent témoigner le contraire. Mais quoiqu'il en puisse être, la grotte est un lieu de repère qui fixe ma dévotion. Quelques mètres de plus ou de moins n'y changent rien. Ici, les échos de la terre répétèrent, pour la première fois, l'*Ave Maria*, envoyé du ciel à la Vierge Immaculée.

Qu'est devenue la sainte Maison ? A-t-elle été la proie des flammes, ou la victime des injures du temps ? Les Sarrasins l'auraient-ils détruite dans leur fureur aveugle ? Rassurons-nous, et ne regrettons pas de ne point la retrouver ici ; son histoire miraculeuse ajoute à notre dévotion.

C'était au XIIIe siècle ! les pèlerins consternés annonçaient à l'Europe les désastres de la Palestine, De notoriété publique, cette maison bénie se tenait encore debout à Nazareth. Le jour de l'Annonciation de l'année 1252, saint Louis avait fait ses dévotions *dans la chambre sacrée de la Mère de Dieu*, avant de clôturer la liste des pèlerins couronnés au saint Tombeau. Le pape Nicolas IV siégeait sur le trône pontifical. Rodophe Ier d'Autriche gouvernait le Saint-Empire romain. Tripoli et Ptolémaïde, derniers refuges des rois latins, venaient de tomber, un mois auparavant, dans les mains infidèles. C'était le 10 mai 1291 ! Un grand cri s'échappa de toutes les poitrines des habitants du village de Rauniza entre Terzats et Fium sur les rivages de l'Adriatique. Il fut entendu dans l'Europe entière; et les rois et les peuples s'en émurent.

Dans un lieu où jamais on n'avait vu ni maison ni cabane, les premiers feux de l'aurore avaient éclairé un édifice de forme étrangère. La singularité de sa structure, ses murs composés de petites pierres rouges et carrées liées ensemble par du ciment, air d'antiquité, sa physionomie orientale attiraient l'admiration presque autant que l'étrangeté de son apparition. Le plus extraordinaire est que cette maison se tient debout sur la terre nue, sans fondation aucune. Les premiers qui l'aperçoivent, crient au miracle, et toute la population accourt. On pénètre à l'intérieur. Un petit clocher de bois, couleur d'azur, parsemé d'étoiles d'or, couvre une chambre oblongue. Épais d'environ une coudée, les murs ne suivent pas la ligne verticale. On y voit, en peinture, les principaux mystères de la vie de Notre-Seigneur. Une étroite fenêtre donne accès au jour. Au fond de la chambre, s'élève un autel en pierres fortes et carrées ; sur l'autel une croix grecque antique, et sur la croix un crucifix peint sur toile avec cette inscription : *Jesus Nazarenus Rex Judœorum*. Et tout près de là, une pauvre armoire, avec des vases semblables à ceux dans lesquels les mères donnent la nourriture à leurs enfants. A gauche, un petit foyer, au-dessus duquel une statue de cèdre représentant la sainte Vierge debout et l'enfant Jésus dans ses bras. Les visages paraissaient avoir été argentés, mais le temps et la fumée des cierges les avaient noircis. Les cheveux de l'enfant Jésus, partagés à la Nazaréenne, ceux de la sainte Vierge également divisés sur le front, étaient fixés par des couronnes de perles. Dans la main gauche du divin Enfant un globe, symbole de son pouvoir souverain sur l'univers ; avec la droite il semble bénir.

On regarde ; on s'interroge ; on admire.

Cependant on sait que l'évêque Alexandre, pasteur de ce diocèse, est au lit, gravement malade. Et voilà que tout à coup il se présente plein de vie et de santé. On s'empresse autour de lui. De la main il commande le silence, et l'étonnement arrive à son comble lorsqu'il raconte sa vision de la nuit. La sainte Vierge lui est apparue, environnée d'une légion d'anges, et elle lui a dit :

« Mon fils, ma demeure de Nazareth, l'humble maison où j'ai pris naissance et où s'est écoulée la première partie de ma vie vient de passer sur ces rivages. C'est là que le Verbe s'est fait chair. L'autel est celui que dressa l'apôtre saint Pierre. La statue de cèdre est mon image faite par l'évangéliste saint Luc. Du reste, afin que tu sois le témoin et le prédicateur de cette merveille, reçois ta guérison. Ton retour subit à ta santé, au milieu de cette longue maladie, fera foi de ce prodige ».

Au-delà des mers et par-dessus les montagnes, arrive au monde entier cette nouvelle extraordinaire : la Vierge Marie a quitté le pays profané par les Musulmans ; elle s'est refugiée en Europe avec les derniers Croisés.

Le gouverneur de la Dalmatie, Nicolas Frangipani, était alors engagé dans une expédition militaire, à la suite de son souverain. Il obtient de l'empereur la permission de retourner à Tersatz. Il regarde ; il examine ; il ne peut en croire ses yeux. Par ses ordres, quatre chevaliers partent pour Nazareth. La maison de la sainte Vierge ne s'y trouve plus, en effet ; mais les fondations sont restées ; même nature de pierre, conformité parfaite des mesures, égalité de longueur et de largeur, rien ne manque. Procès-verbal en est dressé et rapporté en Europe. Le doute n'est plus possible. Pendant trois ans, les habitants de la Bosnie, ceux de la Servie, de l'Albanie, de la Croatie inondent et couvrent les chemins qui mènent à la Santa Casa.

Cependant, l'année 1294 était à son déclin. Encore trois jours, et le pape Célestin V allait donner au monde le grand exemple du plus grand souverain de l'univers déposant la tiare pour mourir sous le froc. Et voilà que, le 10 décembre, vers la dixième heure de la nuit, la sainte maison disparut tout à coup de Tersatz. Or, sur un autre point des rivages de l'Adriatique, des bergers gardaient leurs troupeaux non loin de Rénacati. Une lumière céleste a brillé à leurs yeux. Une maison, environnée de splendeur, a paru tout à coup au milieu de ce désert ; ils s'étonnent et appellent les bergers des environs. O merveille ! plusieurs des nouveaux venus reconnaissent le petit édifice qu'ils ont vu, tout à l'heure, traverser les airs porté par les mains des anges et planer sur l'océan. Ces hommes simples tombent à genoux et passent la nuit en prières. Nouvel étonnement pour le monde catholique ! Nouveaux pèlerinages plus nombreux encore que les premiers ! Leux révélations, divulguées à cette époque, augmentent leur confiance. On se rappelle une prédiction faite par un pieux solitaire qui, ayant choisi pour retraite un lieu voisin, prétendait qu'on y verrait, un jour, de grandes choses. Il existe également à Récanati, un religieux servite, en grande réputation de sainteté, et qui sera effectivement, plus tard, saint Nicolas de Tolentino. Souvent on l'a vu, dans un esprit prophétique, s'acheminer vers la mer, la contempler avec des soupirs, et s'écrier que de là viendrait un jour un précieux trésor. Et la nuit du 10 décembre, averti par la sainte Vierge, il est venu confirmer la vérité de ses prédictions. Les arbres eux-mêmes rendent témoignage. Il y avait là un grand bois de lauriers. Au passage de la sainte Maison, ils se sont inclinés, et pendant vingt ans c'est-à-dire jusqu'au jour où le fer les abattra, ils confirment la vérité du fait, en restant courbés vers la terre.

Cette fois, l'univers catholique est en mouvement. Des quatre points du globe, on se précipite pour vénérer la maison de Marie. Malheureusement, l'ennemi de tout bien suscite des obstacles au saint pèlerinage. Des voleurs se cachent dans la forêt, qui dévalisent les passants, et commettent des meurtres odieux. La sécurité disparaît, et les voies de Sion pleurent, parce qu'elles ne sont plus fréquentées. Mais la sainte Vierge n'abandonnera pas ses serviteurs. Après huit mois de séjour au milieu de la forêt de lauriers, sa vénérable demeure est transportée à mille pas, sur une agréable colline. Qui le croirait ? Les propriétaires privilégié sont les premiers à en éloigner la Reine du ciel! Ils s'appelaient Étienne et Siméon, nobles descendants des marquis d'Antici. Jusque-là ils avaient vécu heureux et tranquilles, possédant les mêmes biens par indivis ; et voilà que les trésors amoncelés dans la sainte chapelle par la dévotion des pélerins, excitent leur envie. C'est à qui s'en emparera, à qui en dépossédera son frère : ils vont en arriver aux mains ; encore un moment, et la haine les conduira au fratricide ! Le ciel, irrité, leur retire ses faveurs, et la sainte Maison, s'élevant encore une fois dans les airs, va se placer sur la voie publique.

Les souverains Pontifes se sont émus de tant de

merveilles. Le pape Boniface VIII, en 1296, ordonne qu'une ambassade nombreuse ira de Lorette à Tersatz, et puis à Nazareth, examinant, prenant des mesures, comparant, interrogeant les témoins, sur les jours, les heures, les circonstances des merveilleuses translations. Et la réponse des envoyés est une solennelle confirmation de la vérité du miracle. Alors la dévotion ne connaît plus de bornes. Si l'on en croit le cardinal Valère de Vérone, l'affluence des pèlerins qui passait à Rome, donna au souverain Pontife l'idée de publier le jubilé de l'année sainte. Et, raconte Tursellini, il se fit à cette occasion un tel concours de toutes les nations, que la ville de Rome, malgré son étendue, pouvait à peine les contenir. Il ne se passait presque aucun jour qu'elle ne reçût dans son sein deux cent mille pèlerins, sans compter la multitude innombrable qui couvrait au loin les routes. Or, de ces pieux voyageurs, un grand nombre attirés par le bruit des miracles opérés à Lorette, venaient en visiter la chapelle, d'où ils allaient ensuite, comme témoins et hérauts de sa grandeur, annoncer à leurs concitoyens le prodige inouï dont ils avaient acquis la certitude, non par des assertions étrangères, mais par le témoignage de leurs propres yeux.

Je ne rapporterai point, car je serais infini, les temoignages sacrés et profanes en faveur de ce miracle, l'un des plus incontestables. Le monde catholique a vu ces merveilles ; les Pontifes ont parlé ; la cause est finie. Malheureux celui qui croit à l'existence d'Hérodote, d'Alexandre, de Sésostris, de Démosthènes, de Cicéron, et qui doute d'un fait attesté par des siècles, uniquement parce que la main de Dieu y paraît d'une manière visible.

Quant à nous, il nous est impossible de regretter la présence à Nazareth de la Santa Casa. La Providence l'a soustraite aux profanations; elle en a rendu l'Europe dépositaire ; et la multitude des prodiges dont elle l'a entourée, est, pour nous, une preuve de plus du mystère opéré à Nazareth. Gloire à Dieu dans l'histoire de la Santa Casa, comme dans toutes ses œuvres !

X

LA BATAILLE D'HITTIN

Un lundi matin, ayant vu tout ce que Nazareth offre d'intéressant, joyeux et contents, nous montâmes tous à cheval, pour une excursion plus étendue. Nous allions faire l'ascension du Thabor, descendre au lac de Tibériade et revenir à Nazareth par le village de Cana. Nous emportions avec nous les objets nécessaires pour dire la messe, et nous nous disposions à aller adorer Notre-Seigneur dans sa gloire, comme nous l'avions vénéré dans ses humiliations et dans ses douleurs à Bethléem, à Gethsémani et sur le Calvaire. Le temps était superbe. Le soleil se levait splendide, et tout nous promettait une heureuse journée.

Nous cheminions gaiement. Nos jeunes gens chantaient et se livraient au plaisir de la chasse. Lorsque nous fûmes au pied de la montagne, notre guide nous engagea à mettre pied à terre pour resangler nos chevaux. La précaution était sage, car le sentier est rude et fort étroit, il monte à pic, et il faut une grande heure pour atteindre le sommet. Nous nous soumîmes à la prescription, et nous commençâmes à monter. Tout allait bien, lorsqu'a vingt minutes du sommet, je suis arraché à mes pieuses méditations par les cris de quelques pèlerins. Le cheval de Maxence de Vibraye s'était abattu sur un rocher glissant ; le pied du cavalier avait été pris entre le rocher et les flancs du cheval. Aussitôt je suis à terre, je défais la chaussure du patient, et je suis forcé de constater une fracture aux pied. Quelle tristesse et quel embarras sans ressource aucune au milieu du désert. Heureusement nous traînions toujours après nous un cacolet que nous avions emporte de France par mesure de prudence, je l'attache tant bien que mal sur le bât grossier d'un mulet ; chacun s'empresse pour m'aider ; nous plaçons le malade sur l'un des sièges ; un drogman fait contre-poids de l'autre côté, et je m'en retourne vers Nazareth, accompagné par Albert de Monteynard qui avait bien voulu ne pas nous laisser entreprendre seuls ce retour pénible.

A Nazareth, où nous arrivons avec peine, point de médecin. Je dois en envoyer chercher un à Caïpha, c'est-à-dire à douze heures de distance. Nos amis seront à Tibériade dans la soirée. Il m'enverront, s'ils le trouvent, un docteur, qu'on dit être en cet endroit.

Mon inquiétude fut grande pendant cette mortelle journée. Sans soins, sans médecin, avec cette chaleur, le mal pouvait empirer ; l'enflure au moins devait se développer de manière à renvoyer indéfiniment la possibilité d'une opération ; enfin la gangrène pouvait se déclarer. J'avais l'esprit et le cœur bouleversés. Les Dames de Nazareth, toujours bonnes et compatissantes, vinrent à mon secours et m'offrirent toutes leurs ressources. Elles furent d'une bienveillance et d'une charité parfaites.

Comme je calculais avec impatience les heures pendant lesquelles j'attendrais le médecin, les sœurs me dirent qu'il y avait, dans le pays, des Arabes fort habiles à remettre les membres brisés. Elles les avaient vus plusieurs fois opérer avec un succès merveilleux, et me racontaient des choses rassurantes. Je consultai le malade. Il consentit à tenter la fortune ; et bien nous en prit. Je fis venir un derviche musulman, petit vieillard de nulle apparence. Il examina le pied endolori et parut certain de réussir. Il fit asseoir le patient sur son lit, le pied pendant, et ordonna qu'on lui apportât un bassin d'eau tiède. Alors, prenant du savon, il mit ses mains au-dessus du pied du malade, se fit verser de l'eau chaude sur les mains et frotta doucement le savon, de sorte que l'eau savonneuse tomba goutte à goutte sur le pied. Ensuite il frictionna doucement avec ses mains humides. Au bout de quelque temps, il demanda de l'huile au lieu de savon, et recommença les frictions avec du coton imbibé. Il continua patiemment l'opération pendant longtemps, et lorsque les chairs et les nerfs lui parurent suffisamment adoucis et assouplis, il commença une sorte de massage très doux avec le bout de ses doigts. Tout à coup, nous entendîmes sortir de sa bouche le mot *tayeb*, très bien ! très bien ! Il le prononçait avec une sorte de satisfaction. Le malade, de son côté, avait senti un léger craquement dans ses os, il en éprouvait du bien-être. L'opération était faite sans violence et sans douleur. Alors on apporta des bandages et du coton. Les bandes furent trempées dans l'huile et la cire pour les durcir, on enveloppa le pied ; on l'assujettit sur un couvercle de boîte avec deux roseaux et le derviche se retira content. Le soir, il n'y eut point de fièvre. Le médecin arriva vingt-quatre heures après, examina l'appareil, le trouva bien, et repartit emportant cent francs qu'il avait exigés pour prix de sa course. La nuit fut bonne, et aucune douleur sérieuse ne se manifesta depuis. Le lendemain matin, Albert de Monteynard partit de bonne heure pour aller rejoindre la caravane à Tibériade et lui annoncer la bonne nouvelle.

Cependant nos amis continuèrent heureusement leur ascension. Ils célébrèrent et entendirent la messe. Ils jouirent d'un coup d'œil magnifique, et se félicitèrent d'avoir bravé la fatigue pour arriver jusque-là.

Si je ne puis les suivre aujourd'hui, je n'en

convierai pas moins le lecteur à m'accompagner à Tibériade et aux sources du Jourdain, puisque la bonne Providence a bien voulu me ménager d'autres occasions pour ce pèlerinage.

En quittant la sainte montagne, nous passons sous les murs d'une forteresse où les soldats turcs veillent à la police générale du pays, et surtout au maintien de l'ordre pendant la foire qui se tient, ici, chaque lundi, sous le nom de foire du Mont-Thabor. Les marchands de Nazareth, de Safet, de Tibériade y viennent en grand nombre ; les Arabes d'au-delà du Jourdain ne manquent pas d'y accourir également en troupes considérables. Je ne répondrais pas que leurs dispositions y soient parfaitement conformes à celles d'un paisible négoce. Le brigandage est une nécessité de position pour l'homme du désert ; c'est son état normal ; et le Bédouin ne cesse pas d'être lui-même, parce qu'il se trouve en meilleure compagnie.

Une vaste plaine se déroule devant nous. Le village de Loubi en est le centre, et le Thabor, et les rives élevées du lac de Tibériade, et les deux cornes d'Hittin forment ses limites. On marche le plus droit possible, sans s'inquiéter d'un chemin qui n'existe pas, sur un terrain quelquefois nu, d'autres fois cultivé, toujours accidenté d'une façon qui trompe l'ennui par la variété.

Si chétif qu'il puisse être, Loubi possède un

nom dans l'histoire ; il l'a acheté par deux brillants faits d'armes dont il fut le témoin. Avec trois cents hommes seulement, Junot, assailli dans son camp par trois mille cavaliers, remporta sur eux une victoire complète ; et Kléber, l'ayant rejoint promptement, tomba sur huit mille hommes de l'armée musulmane, les chassa du village et les força de se réfugier au-delà du Jourdain.

Arrêtons-nous ! Donnons cours à nos tristes pensées. Voici le village d'Hittin : Si la valeur se surpassa elle-même en cet endroit, la fortune ne l'en trahit pas moins, et les suites de cette horrible catastrophe entraînèrent la chute du royaume latin de Jérusalem. Cinquante mille combattants chrétiens, et quatre-vingt mille guerriers sous les ordres de Saladin, sont en présence. Du côté de Séphoris, les forces latines ; à Tibériade, la puissante armée de Saladin ; entre deux, un pays rocheux, désert, et brûlé. L'avantage de la position était aux Croisés. Les soldats du Christ avaient de l'eau et des vivres en abondance ; les musulmans au contraire souffraient de la soif et des ardeurs d'un soleil dévorant. Peut-être, au lieu de livrer bataille, eût-il mieux valu laisser l'ennemi se consumer par la souffrance. C'était l'avis du comte de Tripoli ; et son témoignage était désintéressé. Raymond possédait, en effet, la ville de Tibériade, du chef de la comtesse sa femme, et il s'agissait de l'abandonner à Saladin ; mais il en faisait généreusement le sacrifice au royaume chrétien. Les soldats de la Croix avait peu à gagner dans une victoire, et tout à perdre s'ils étaient défaits. La plupart des chefs inclinaient vers les conseils de Raymond ; malheureusement, le grand-maître du Temple penchait pour l'avis contraire ; il s'obstina, prononça le mot si outrageux de trahison et vainquit, par là, toutes les résistances. Le roi n'eut pas assez de force pour dominer son conseil ; il céda, donna l'ordre partir, et creusa ainsi, sans s'en douter, une immense tombeau à ses vaillants soldats. C'était le 4 juillet 1187 !

Lorsque, après une marche longue et silencieuse dans la plaine de Batouf, les chrétiens aperçurent les troupes de Saladin fièrement rangées sur les hauteurs de Loubi, ayant derrière elle le lac de Tibériade, et commandant tous les défilés, ils se souvinrent, mais trop tard, de l'avis du comte de Tripoli. Vaincre ou mourir fut le mot d'ordre qu'ils échangèrent tristement entre eux. Mais la victoire était-elle possible ; et alors.... ! N'importe ! ils essaient de se frayer un passage jusqu'aux rives du Jourdain. Une grêle de pierres et de flèches les accueillent ; la cavalerie musulmane descend comme un torrent de la cîme des collines ; les Croisés supportent vigoureusement le choc. Les sentiments du péril, les exhortations des chefs et des prêtres, et surtout la présence de de la vraie Croix augmentent leur courage. Saladin lui-même leur rendit le témoignage qu'ils combattaient autour de la Croix de Jésus, avec une bravoure sans égale, qu'ils regardaient comme le plus ferme de leurs liens, comme leur bouclier invincible. Cependant le manque d'eau et de vivres épuisait les plus robustes ; on commençait à plier, lorsque la nuit vint séparer les combattants.

La nuit fut sublime ! Du côté de l'ennemi, confiance entière dans la victoire ; Saladin parcourait les tentes. Ses discours enflammaient tous les courages : « C'est aujourd'hui, disait-il, une fête pour les croyants ; c'est le vendredi, jour de la prière, jour où Mahomet exauce les vœux ; prions-le de nous rendre vainqueurs ». Et les Musulmans répondaient au Sultan par de bruyantes acclamations. Cependant les soldats de la Croix préparaient leurs armes dans une consternation profonde. Ils s'exhortaient les uns les autres à braver la mort ; ils donnaient un dernier souvenir à leurs familles, à la patrie absente. Toutefois, ils ne laissaient pas de faire grand bruit pour donner le change aux Sarrasins ; et leur camp retentit, toute la nuit, du son du tambour et des trompettes.

Lorsque le soleil se leva derrière Tibériade, les archers du Sultan, pourvus de quatre cents charges de flèches, se montrèrent sur les hauteurs, disposés de telle sorte qu'ils enveloppaient l'armée chrétienne. Un grand vent se leva, qui soufflait contre les chrétiens et les couvrait d'un nuage de poussière.

Les Croisés regardèrent, saisis d'épouvante. Bientôt les Sarrasins fondirent sur eux, en poussant d'horribles cris. Alors, pour me servir d'une expression orientale, « les fils du paradis et des enfants du feu vidèrent leur terrible querelle; les flèches retentirent dans l'air comme le vol bruyant des passereaux; l'eau des glaives (le sang des guerriers) jaillit du sein de la mêlée et couvrit la terre comme l'eau de la pluie. » Mais à quoi bon le courage? Saladin fait mettre le feu à des herbes sèches qui couvraient la plaine, la flamme environne les chevaliers et pénètre sous les pieds des hommes et des chevaux. Il y eut alors une de ces luttes émouvantes dont l'immortel historien des Croisades fait ainsi la description : « On voyait briller les glaives à travers les flammes; les plus braves s'élançaient du sein des tourbillons de fumée, et se précipitaient la lance à la main contre les bataillons musulmans ; les efforts inouis de la valeur et du désespoir ne rencontraient qu'une résistance invincible. Sans cesse les guerriers chrétiens revenaient à la charge, et sans cesse ils étaient repoussés. En proie à la faim, à la soif dévorante, ils ne voyaient autour d'eux que des rochers brûlants et les épées étincelantes de leurs ennemis. La montagne d'Hittin s'élevait à leur gauche; ils y cherchèrent un asile, et, poursuivis par les Sarrasins, ils les repoussèrent trois fois jusque dans la plaine. Le courage que montrèrent les chevaliers du Temple et de Saint-Jean, aurait sauvé l'armée chrétienne, si elle avait pu l'être; mais le ciel, pour exprimer ainsi ses opinions contemporaines, avait détourné de ses serviteurs les trésors de sa miséricorde. La vraie Croix, autour de laquelle les guerriers chrétiens n'avaient cessé de se rallier, tomba entre les mains des infidèles, souillée du sang des évêques qui la portaient dans la mêlée. En voyant le signe de leur salut au pouvoir de leurs ennemis, ceux qui combattaient encore restèrent tout à coup immobiles de douleur et d'effroi. Les uns jetaient leurs armes et attendaient la mort, les autres se précipitaient sur les glaives des Musulmans. Cent cinquante chevaliers, restés autour de l'étendard royal, ne purent défendre le roi de Jérusalem ; Guy de Lusignan fut fait prisonnier avec son frère Geoffroy, le grand-maître des Templiers, Renaud de Châtillon, et tout ce que la Palestine avait de plus illustres guerriers.... ».

Les Orientaux furent les premiers à rendre hommage à la valeur de leurs ennemis. D'après eux, les chevaliers chrétiens restèrent inébranlables, tant que leurs chevaux soutinrent la fatigue ; mais lorsqu'ils furent contraints de se battre à pied, le poids de leurs propres armures les renversa plus encore que les javelots empoisonnés.

Rien d'horrible comme le champ de bataille. Le

secrétaire de Saladin parle de drapeaux des chrétiens déchirés en lambeaux, souillés de poussière et de sang, de têtes séparées de leur tronc, de bras, de jambes, de cadavres jetés pêle-mêle comme des pierres. Et il ajoute, en vrai barbare : *Quels parfums suaves de vengeance!* Un autre historien musulman traversa les champs d'Hittin un an après le combat ; il y retrouva les misérables restes de l'armée vaincue. A chaque pas, il foulait des ossements humains ; il en rencontra jusque dans les vallées et sur les montagnes voisines ; les torrents les y avaient roulés ou les animaux sauvages les y avaient entraînés.

Malgré le carnage, la foule des prisonniers fut grande. On les attachait quarante à la fois avec les cordes des tentes ; on les vendait comme un vil bétail, et l'on vit un chevalier troqué pour une paire de chaussures.

Le sultan parut d'abord vouloir singer la courtoisie des guerriers de l'Occident ; mais le naturel féroce du disciple de Mahomet ne tarda pas à reparaître sous sa forme hideuse. Saladin avait trouvé de bonnes paroles pour le roi prisonnier, et lui avait fait servir une boisson à la neige. Et comme le roi, après avoir bu, la présentait à Renaud de Châtillon, le musulman se respecta assez peu pour entrer en colère devant cet acte si naturel. Il arrêta la main du roi, et s'adresant à Renaud, il lui proposa brutalement d'abjurer sa foi.

Le sire de Châtillon répondit par une noble et généreuse confession du nom de Jésus-Christ. Alors Saladin se déshonora jusqu'à frapper de son sabre un valeureux prisonnier sans défense. Ensuite il fit un signe; ses janissaires se précipitèrent comme des bêtes fauves; et le malheureux Lusignan vit rouler à ses pieds la tête de son ami. Le lendemain, les prisonniers défilèrent devant Saladin. Un grand nombre d'émirs et de docteurs de la loi entouraient son trône; il permit à chacun d'eux de tuer un chevalier chrétien. Quelques-uns s'y refusèrent; le plus grand nombre s'arma pour la vengeance; les chevaliers reçurent la mort aux cris mille fois répétés de : *Vive la croix!* et le sultan resta jusqu'au bout à repaître ses yeux d'un spectacle où le sublime se mêlait à tout ce qu'il y a de plus ignoble.

Tout est fini ! Un roi captif, une armée détruite sans retour; plus de royaume possible. Ptolémaïs, Naplouse, Jéricho, Ramla, Césarée, Arsur, Jaffa, Beryte se soumettent au sultan. Ascalon, après une héroïque résistance, se livre elle-même pour racheter son roi. Le vainqueur marche sur Jérusalem. Les quatre-vingt-huit ans marqués par la Providence sont passés. Il y aura encore dans la suite des rois latins de Jérusalem ; mais il porteront un titre vain. L'Europe est lassée. La puissance mahométane devient redoutable par son unité, et les princes latins, au contraire, se livrent à des luttes scandaleuses. Le 3 octobre 1187 verra mettre le comble à l'abomination de la désolation.

Avec la prise de Jérusalem, la civilisation chrétienne va disparaître en Orient. Pendant de longs siècles, le croissant dominera sur la ville sainte. A l'heure où nous visitons les campagnes d'Hittin, le joug oppresseur pèse encore sur elle. Cependant, espérons ! peut-être la fin du XIX° siècle verra-t-elle un nouveau triomphe de la Croix.

XI

TIBÉRIADE.

Coup d'œil admirable ! au milieu d'un amphithéâtre de montagnes pittoresques, digne cadre du plus charmant tableau, les eaux limpides et bleues de la mer de Galilée se présentent à nos yeux ravis.

Que de choses ne disent-elles pas, dans leur silence éloquent !

Il était tard ! les derniers feux du jour s'étaient évanouis. Un nuage épais dérobait aux yeux les douces clartés de l'astre des nuits. Du flanc des montagnes, les vents déchaînés s'échappaient avec furie. La mer violemment frappée répondait par des mugissements terribles. Ses flots s'élevaient au ciel et retombaient avec fracas. Or, un léger esquif essayait de lutter contre la tempête ; mais les lames qui le couvraient de temps en temps le menaçaient d'une submersion complète. Et Jésus dormait ; et ses apôtres effrayés lui criaient : Maître, sauvez-nous, nous périssons ! — Et le Seigneur paraissait ne pas entendre, et l'effroi des disciples augmentait. Tout à coup, Jésus se lève; il étend la main; et il dit aux flots irrités: Taisez-vous ; je vous le commande ! — Et le calme se fit comme au plus beau jour.

Nouveau prodige ! Pendant que les apôtres sont aux prises avec une autre tempête, une lumière leur apparaît dans les ombres, et, au sein de la clarté mystérieuse, Jésus marchait tranquille sur les vagues étonnées, et il venait à eux.

Que de fois, lorsque la foule avide se pressait nombreuse sur le rivage, Notre-Seigneur monta sur une barque du haut de laquelle il distribuait ses enseignements divins !

Qui nous dira ces pêches miraculeuses, où les filets se rompaient à cause de la multitude des poissons? Qui nous donnera d'entendre les échos de cette parole prophétique : Parce que tu as été fidèle, ô Pierre, voilà que tu vas devenir un pêcheur d'hommes ?

Le lac de Tibériade a six lieues de longueur sur une lieue et demie de largeur. Considérez cette nappe azurée; repeuplez ces bords des dix villes et des cent villages bibliques ; recomposez le paysage, en multipliant les mille variétés de culture, et les bouquets d'orangers en fleurs, et les massifs de figuiers aux larges feuilles, et les vignes dont les pampres s'élèvent jusqu'au sommet des plus grands arbres, et les moissons jaunissantes entre-coupées de ces palmiers dont la cime se balance gracieusement dans les airs, ne reconnaissez-vous pas l'un des sites les plus gracieux de la Terre promise ?

La célèbre Decapole formait la couronne de cette mer unique parmi les mers. Non loin du Jourdain, Capharnaüm ; sur la plage orientale où, précipitant ses eaux, le fleuve descend avec impétuosité des hauteurs du lac Mérom dans celui de Tibériade, Beit-Saïda, à quelque distance de Carpharnaüm ; et Magdel, sur son cap avancé, témoin des erreurs et de la pénitence de Magdeleine, et Tarikée assise près des lieux où le Jourdain reprend son cours ; et Tibériade enfin, et Corosaïm, dont la richesse égalait celle de Tyr et de Sidon.

Tibériade est aujourd'hui le seul endroit important de la côte. Et quelle importance, bon Dieu ! De pauvres Turcs, quelques juifs plus pauvres encore, forment toute sa population : un religieux franciscain a le courage d'y habiter une masure. Elle fut grande et belle autrefois. Hérode le Tétrarque la fonda en l'honneur de Tibère, d'où lui est venu son nom. Il l'embellit comme savaient le faire tous les Hérodes. Beaucoup plus tard, Tancrède y construisit une somptueuse église, dédiée à saint Pierre, pour honorer le lieu où Notre-Seigneur donna au Prince des apôtres le pouvoir des Clefs. Chose remarquable, sur ce même rivage où se fit la pêche miraculeuse, le poisson est si abondant, qu'à certains jours de tempête il vient par troupes nombreuses échouer sur la côte. Son lac est bien encore l'objet des préférences d'un certain nombre de Juifs ardents ; mais ce n'est point dans ses murs qu'ils prennent leur demeure. Ils montent plutôt à Safad où le Messie, disent-ils, viendra infailliblement et qui sera, un jour, le chef-lieu de leur puissance temporelle.

Tout près de là, sur les ruines de l'ancienne Emmaüs, des colonnes nombreuses, et les vestiges d'une splendeur qui n'est plus, indiquent au voyageur la direction des eaux thermales. Il y aurait là des bains utiles à rétablir. Les sources ont une température de soixante degrés ; elles renferment une grande quantité de muriate de soude, de sulfate de soude, de nitrate de potasse, et de gaz sulfureux.

C'est au bord du lac de Tibériade que Notre-Seigneur passa la plus grande partie de sa vie apostolique. Nazareth avait été son berceau. Il y était demeuré jusqu'à trente ans. On l'y avait vu *croître en âge, en sagesse, et en grâce, devant Dieu et devant les hommes.* Selon toute apparence, il ne l'eût point quittée sans la méchanceté de ses compatriotes. Le 1er décembre 778 depuis la fondation de Rome, sept semaines après son baptême, lorsqu'il eut jeûné pendant quarante jours et quarante nuits, et qu'il eût choisi ses premiers apôtres, il revint au pays de sa divine Mère. Or, un jour du sabbat, il entra dans la synagogue pour y annoncer la parole de Dieu. A quel titre, le fils de Marie, ou, pour nous servir de l'expression des Nazaréens, le fils du charpentier, prenait-il la parole dans cette assemblée religieuse ; l'histoire ne le dit point. Peut-être, en sa qualité de membre de la commune avait-il été nommé lecteur, ou même interprète ; peut-être aussi, le Chazan, ou président spirituel, l'engagea-t-il à faire une lecture commentée. Qui sait s'il ne se donne pas à lui-même sa mision ? Tous les yeux était fixés sur lui. Il ouvrit le livre, et il lut ces paroles prophétiques : « L'esprit du Très-Haut est sur lui ; le Seigneur l'a sacré pour annoncer aux pauvres l'Evangile, et pour guérir les blessés ; et il annoncera aux captifs la délivrance, aux aveugles la lumière, la liberté aux opprimés, et il annoncera le grand jour de la rétribution ».

Et quand il eut terminé sa lecture, il s'assit ; et il commenta ces paroles ; et il ajouta : « Voilà que ces choses se sont accomplies, aujourd'hui, devant vos yeux ». — Et tous l'applaudirent ; et, dans l'admiration de sa magnifique parole, ils se disaient les uns aux autres : Comment cela se fait-il ? Jamais homme n'a parlé de la sorte : n'est-ce donc point le fils de Joseph ? — Cependant le Seigneur continua son commentaire, et il avertit les Nazaréens de la colère de Dieu contre eux, à cause de leur mauvaise conduite ; et il les engagea à se

convertir, sous peine d'être rejetés et de se voir préférer les païens. Alors les assistants orgueilleux se bouchèrent les oreilles pour ne pas entendre, et ceux qui tout à l'heure n'avaient pas assez d'éloges pour son éloquence, se mirent à l'injurier, et ils criaient : Pourquoi l'écouterions-nous ? De quel droit enseigne-t-il ? N'est-ce pas le fils du charpentier ? — Calme et tranquille, Notre-Seigneur se contenta de leur répondre : « En vérité, le proverbe a raison ; nul n'est prophète dans son pays ».
— Et l'auditoire se leva en masse, et, arrachant Jésus de dessus la chaire où il était assis, ils le jetèrent dehors, et le traînèrent au sommet de la montagne sur laquelle leur ville était bâtie. Mais Jésus, par un effet de sa toute-puissance, passa au milieu d'eux, et disparut. La montagne dont il est ici question, est celle même où repose encore aujourd'hui. Nazareth. Elle s'élève à seize cents pieds au-dessus du niveau de la mer. On y jouit d'une vue admirable sur le Liban, l'Anti-Liban, la mer Méditerranée, les montagnes de Gelboé, l'Hermon et le Thabor.

Le séjour de Nazareth n'était donc plus possible ; aussi ne nous étonnons-nous pas de trouver cette parole dans saint Matthieu : « Après cela, Jésus descendit à Capharnaüm avec sa mère, ses frères et ses disciples, et il y établit sa demeure ». Lorsqu'on a visité le pays, on comprend la portée de cette expression *il descendit :* Capharnaüm, en effet, repose à treize cent cinquante pieds plus bas que Nazareth. C'était un séjour magnifique. Son nom, d'après saint Jérôme signifiait : *la Ville aux fruits abondants :* les rabbins l'écrivent Capharnachum, ce que voudrait dire *Village de la consolation*. Une rivière baignait ses pieds. La légende lui donne une origine mystérieuse ; elle lui fait commencer son cours aux sources du Nil, pour venir, par des conduits souterrains, arroser les campagnes fertiles de Génnésar, et payer enfin son tribut au lac de Tibériade. La patrie adoptive de Jésus était donc exceptionnellement belle. C'était un immense jardin, peuplé de villas, où les riches Galiléens venaient chercher la fraîcheur pendant l'été. Les fruits les plus délicieux germaient, se développaient, et mûrissaient toute l'année, sous ce climat bienfaisant ; ils étaient recherchés sur le marché de Jérusalem, et même des tentes exprès y étaient dressées pour les y recevoir. Les dattiers qui balançaient leurs palmes gracieuses au-dessus des noyers, de véritables forêts de mûriers, de figuiers et d'oliviers, encadraient le paysage ; les myrtes, les amandiers, les pommiers, les orangers, les citronniers, les grenadiers et les pistachiers remplissaient le vallon ; les melons y mûrissaient un mois plus tôt que dans les plaines d'Acre et de Damas. La nature, en un mot, d'après l'historien Josèphe, semblait s'être fait violence pour y créer un printemps perpétuel. L'agréable s'y mêlait à l'utile avec un luxe inusité ; et pendant que la terre produisait des fruits savoureux, le soleil, dardant ses tièdes rayons dans ce bassin gracieux, y développait les parfums les plus odorants. Cette merveilleuse fertilité s'explique d'elle-même. Le lac de Tibériade dort à sept cents pieds au-dessus de la Méditerranée, ce qui lui donne les avantages d'un pays situé à cinq degrés plus au midi ; et les montagnes qui le garantissent de l'est et du nord, en font comme une serre naturelle pour les produits de l'Egypte et de l'Arabie.

Il y avait bien des raisons pour déterminer le choix du Sauveur en faveur de Capharnaüm. Il y restait au milieu des Juifs ; et cependant, la proximité des frontières lui permettait de se soustraire promptement à leurs fureurs. En passant le Jourdain, il arrivait en Syrie ; quelques coups d'aviron le poussaient, de l'autre côté du lac, dans la Tétrarchie d'Iturée ; il lui suffisait de franchir une montagne pour être en Phénicie, dans le pays de Tyr et de Sidon. Et puis, il devait s'adresser à beaucoup de monde, et il lui était difficile de trouver un rendez-vous plus central.

Voyez-vous les multitudes accourir de toutes parts, entraînées par les intérêts du commerce ou la curiosité. Des pays heureux où s'élèvent Héliopolis et son temple du Soleil, des bords féconds de l'Oronte, de la célèbre Palmyre, la ville des sables, la merveille des merveilles, voici venir des caravanes de chameaux ; elles traversent les terres septentrionales des enfants de Nephtali, suivent les bords verdoyants du Jourdain naissant, et pénètrent dans la Décapole par la célèbre entrée d'Emath.

Du fond de la Mésopotamie, de Nobé sur les confins du désert, de Bosra qui vit fleurir les ancêtres de Job, du pays des Géants, et d'Esra leur capitale, des caravanes nombreuses ont apporté à Damas, la ville d'Abraham, l'or, les pierres précieuses et les parfums de l'Orient ; et elles vont maintenant à Jérusalem, en suivant la route tracée entre les chaînes de Gaulan et de Galaad, et passant par Génézareth.

Les riches marchands de Jérusalem, à leur tour, suivant la route qui nous a conduits ici, traversaient les pays montueux de la Judée, rencontraient Béthel, où Jacob vit en songe l'échelle mystérieuse, Silo, patrie de Samuël, et sanctifiée par la longue présence de l'Arche d'alliance, se reposaient à Sichem, la vallée des patriarches, entre Hébal et Garizim, traversaient le champ d'Esdrelon, voyaient Jezraël, et Sunam, et l'Hermon, et le Carmel, et le Thabor, et campaient enfin dans le pays de Génézareth, avant d'entrer dans les plaines de sable qui mènent à l'Euphrate, au Tigre, et aux cités opulentes arrosées par ces fleuves.

Du pied de la montagne d'Élie, du Carmel où

TIBÉRIADE 175

fleurira, un jour, le culte de Marie, des bords du fleuve de Bélus, et de Ptolémaïs qui plonge dans la mer les fortes assises de ses remparts, par la route facile de la plaine où coule le torrent de Cisson, on accourt en bandes joyeuses, ne fût-ce que pour une partie de plaisir sur les bords du lac.

En trois jours, les habitants de Sidon parvenaient jusque là. Quittant leurs palais de marbre, et leurs jardins aux mille pommes d'or, ils gagnaient Mazéréfot par un chemin bordé de lauriers-roses, franchissaient des collines amoncelées, jusqu'au bord de Leontès, traversaient, au pays d'Azor, la plaine où Josué vainquit le roi Jabin et renversa ses chars, côtoyaient le lac Mérom à la ceinture des roseaux, et descendaient la rive occidentale du Jourdain jusqu'à Betsaïda.

Et Tyr, la puissante reine de la mer, n'envoyait-elle pas aussi ses marchands, si riches que l'Écriture les appelle des rois ? ils passaient sur la plage jusqu'aux puits de Salomon, saluaient près d'Aïn-Bel, le tombeau du roi Hiram, l'ami de Salomon, parvenaient ainsi à Cana-d'Aser, traversaient les vastes forêts et les défilés profonds de Nephtali, gagnaient les hauteurs de Safat, et descendaient à Magdalum pour échanger la pourpre et les trésors d'Ophir avec les fruits délicieux de Génézareth.

Ainsi affluaient naturellement au bord du lac

de Génézareth, les foules nombreuses en faveur desquelles Jésus daigna multiplier les pains et les poissons.

Les apôtres étaient pour la plupart venus au monde sur ces rivages enchantés; mais, chose assez singulière, les premiers témoignages de leur vocation datent du Jourdain. Il y avait une grande relation entre les eaux poissonneuses du lac et l'embouchure du fleuve sacré. Un peu avant de se jeter dans la mer Morte, le Jourdain paraît se tordre et se replier en mille sinuosités, comme s'il redoutait de mêler ses eaux à celles du gouffre maudit. Par instinct sans doute, les poissons eux-mêmes, entraînés fatalement vers cet abîme de désolation, où ils seraient infailliblement empoisonnés, font effort pour remonter et fournissent aux pêcheurs une capture abondante. Les hommes qui gagnaient leur vie à prendre du poisson sur l'un et l'autre rivage, avaient naturellement des relations nombreuses; ils se rencontraient sur les marchés de Jérusalem, ou bien se visitaient entre eux. Or Jean-Baptiste, ayant commencé à baptiser dans les eaux du Jourdain, les pêcheurs de Génézareth, avertis par leurs compagnons de métier, vinrent en foule pour le voir et l'entendre. Parmi eux se trouvaient Simon, fils de Jona, et son frère André, et les deux fils de Zébédée, Jacques et Jean. Pleins d'ardeur et d'énergie, ces quatre hommes s'étaient pris d'un saint enthousiasme pour le Précurseur, et lui avaient demandé le baptême. Or, le jour où Notre-Seigneur revint du désert, après les quarante jours de son jeûne, lorsque Jean-Baptiste, le désignant à ses disciples assemblés, leur dit cette grande parole : Voici l'Agneau de Dieu ! — André et Jean étaient parmi les auditeurs. Frappés de ce qu'ils venaient d'entendre, ils suivirent Jésus, l'interrogèrent, et passèrent la journée avec lui : — Nous avons trouvé le Messie, dit André à son frère Simon, lorsqu'il revint avec lui ; et Simon voulut partager l'heureuse fortune de son frère ; et il se fit conduire auprès du Maître, et son zèle lui mérita d'entendre immédiatement sortir de la bouche de Dieu cette parole qui le prédestinait à devenir le chef de l'Église : « Tu es Simon, fils de Jona : dorénavant, tu t'appelleras Céphas, c'est-à-dire Pierre. » — Et le lendemain, comme Jésus remontait avec eux en Galilée, il rencontra un habitant de Beth-Saïda, jeune encore, qui s'appelait Philippe. Le Maître le regarda de cet œil tout-puissant qui avait l'art de persuader, et il lui dit : « Suivez-moi ! » Et comme Philippe sentait le prix immense de cet appel, il voulut y faire participer un de ses amis, Nathanaël, fils de Ptolémée, qui était en prière dans un champ voisin. « Viens ! viens, lui dit-il, nous avons trouvé Celui qu'annonçaient Moïse et les Prophètes ; c'est Jésus, le fils de Joseph de Nazareth ».

Mais Nathanaël ne voulait pas discontinuer sa prière. — « Allons donc, répondit-il, est-ce qu'il peut sortir quelque chose de bon de Nazareth ? » — Or, cette parole avait deux sens; la ville elle-même n'était point considérée, et son nom de Nazareth voulait précisément dire *méprisable*. Nathanaël était savant à ce qu'il paraît, au moins par comparaison, et cette petite recherche emblématique n'étonne pas chez lui. Philippe le pressa de voir par lui-même. Il céda ; et Jésus, en l'apercevant le traita comme un homme de connaissance et loua sa droiture. Alors, découvrant en lui la science des cœurs et la vision surnaturelle des choses éloignées, Nathanaël s'écria : « Vraiment vous êtes le Fils de Dieu, le roi d'Israël ». — Et Jésus lui prédit qu'il verrait de grandes choses ; et il continua sa marche avec eux. Jean ne faisait pas partie de ce premier pèlerinage. Il était, sans doute, retourné chez lui auparavant ; et, peut-être, ne songeait-il pas à donner une direction nouvelle à son existence ; mais voilà qu'en passant sur les bords de Tibériade, Jésus rencontra Zébédée qui raccommodait ses filets dans une barque, avec ses deux fils Jacques et Jean. Cette fois, il dit une parole significative, et témoigna le désir de s'attacher les deux fils du pêcheur. Zébédée ne fit aucune observation ; ses fils quittèrent incontinent leurs filets, et la troupe des Apôtres se trouva ainsi composée de six hommes choisis.

Or les décrets éternels avaient fixé à douze le nombre des pierres angulaires de l'Eglise. Il existait un frère de saint Joseph du nom d'Alphée, et cet homme avait trois fils que l'on appelait, d'après l'usage du pays, les frères de Jésus. L'un d'eux s'appelait Jacques, l'autre Judas ou Taddée, et le troisième Simon. Eux aussi eurent le bonheur de se voir admettre parmi les élus. Jacques fut plus tard surnommé le Mineur, peut-être à cause de sa petite taille, et surtout pour le distinguer de Jacques, fils de Zébédée, qu'on appela le Majeur. Sa gloire fut d'avoir mérité d'être appelé *le Juste*; il fut, paraît-il, le plus austère des disciples de Jésus; il ne mangea jamais de chair et de pain, s'interdit absolument l'usage du vin, ne se permit pas même l'huile si commune en Palestine; jamais il ne se coupa les cheveux ni la barbe, selon l'usage des Nazaréens. Il vivait de graines et d'herbages. Taddée signifie homme de cœur. On appela Simon *le Zélateur*, probablement parce qu'il avait été le disciple de Judas le Gaulonite, fameux chef de parti, fondateur d'une secte de Zélateurs, qui fut d'abord estimée, et qui tomba plus tard dans le discrédit, lorsqu'elle devint de la rébellion. Ces trois apôtres avaient un quatrième frère, trop jeune alors pour marcher avec eux. Il s'appelait Joseph; et c'est lui que nous voyons proposer avec Matthias, dans le collège des Apôtres, pour remplacer le traître. On ne sait ni la patrie ni la parenté de Thomas. Il devait avoir un frère, puisqu'on l'appelait *Didyme*, c'est-à-dire jumeau ; mais le Saint-Esprit n'a pas voulu nous le faire connaître autrement que par ses œuvres. Il était évidemment Galiléen, puisque les actes des Apôtres affirment que tous l'étaient, à l'exception de Judas Iscariote. Celui-ci aimait l'argent ; et cette passion le perdit.

Après la gloire d'avoir porté Jésus, les flots de la mer de Tibériade revendiqueraient difficilement un honneur plus considérable que d'avoir vu les Apôtres conduire leur barque à sa surface et jeter leurs filets dans ses profondeurs.

XII

LES SOURCES DU JOURDAIN.

Je regrette de n'être pas aujourd'hui avec mes compagnons de pèlerinage, pour les entraîner jusqu'aux sources du Jourdain. Ce fleuve a quelque chose de mystérieux qui attire. Nous l'avons vu, après avoir roulé de cascades en cascades, traverser deux lacs, baigner des bords enchanteurs, et s'abîmer enfin dans cette mer bitumineuse, aux flots pesants, qui n'a jamais senti poissons tressaillir dans son sein, qui tue la végétation sur ses bords; « lac infernal, qui ne vomit que du soufre, lorsque le vent du désert vient par hasard soulever ses eaux habituellement stagnantes comme la mort ». N'éprouverons nous pas une vraie jouissance à explorer ses origines, au pied des hautes montagnes couvertes de neige.

Dressons notre tente à Banias et cherchons, car les géographes ne sont pas d'accord.

Avez-vous remarqué près d'Hasbeya, dans l'Anti-Liban, ces trois ruisseaux échappés d'un groupe de montagnes ? Êtes-vous entré dans la grotte qui s'ouvre non loin de notre campement ? Tels sont les deux points d'origine le plus ordinairement indiqués. Le fleuve où baptisa le Précurseur, celui dans lequel Jésus-Christ institua le sacrement indispensable aux élus, jaillit-il des profondeurs de la terre, ou bien la neige, fondant au sommet de l'Hermon, lui fournit-elle ses bouillons écumants? les savants se le demandent encore. A peine même si, à l'endroit où nous sommes, la présence de ce roi des fleuves se manifeste par un léger bruissement, au milieu des joncs de prodigieuse grandeur et des buissons touffus où des multitudes de serpents et de sangliers abritent leur laideur. Pour nous apparaître dans sa beauté, il devra traverser les eaux fétides du lac El-Houleh ; alors, après une course de deux lieues et demie, il arrivera au *pont* célèbre *des fils de Jacob* ; sa largeur sera de trente-cinq pieds, ses ondes s'épureront de leurs herbes épaisses, se débarrasseront des noirs roseaux, et s'en iront, ardentes et fougueuses, se confondre avec celles de Génézareth.

Le dieu Pan eut, ici, ses autels. Il est dur et triste d'avoir à mentionner une divinité stupide et mensongère ; plus pénible encore de constater les folies de l'impiété à la source d'un fleuve dont les eaux, sous la main de Dieu, firent des prodiges. Mais l'histoire est implacable : elle oblige à raconter les aberrations de l'esprit humain aussi bien que ses gloires. La grotte consacrée à la divinité musicienne, s'appela Panias, du nom de son mauvais génie ; et les Arabes en ont fait, par corruption, Banias.

Cette position fut toujours importante. Toujours les peuples crurent essentiel d'y maintenir une forteresse pour commander le défilé. Aussi l'histoire de la guerre est-elle pleine d'incidents survenus à Banias. Successivement défendue par les chrétiens, assiégée et prise par les musulmans, reprise par les Croisés, cette place forte ne cessa d'être le point de mire des armées rivales. Baudouin IV voulut même la soutenir en lui adjoignant une autre citadelle, près du pont des fils de Jacob. Les Templiers intrépides reçurent ordre de les défendre toutes les deux, et les annales du royaume latin de Jérusalem nous les montrent deux fois aux prises avec Saladin, avant d'être obligés à céder enfin la victoire à ce fléau des armées de la Croix.

Quels bruits de guerre dans cette vallée du Jourdain, depuis les patriarches jusqu'aux successeurs de Mahomet ! Au-dessus du lac Houleh, près du ruisseau de Dan, appelé aussi le petit Jourdain, Abraham surprit les quatre rois et les défit. Près de là, Jonathas, l'un des Machabées, battit et mit en fuite l'armée nombreuse des Démétrius Nicator, Chaque pas rappelle les combats des Croisés, toujours leur courage, quelquefois leurs malheurs. Baudouin II, roi de Jérusalem, fut battu par Mondoc, soudan de Mossoul, sur le haut Jourdain. Les mêmes lieux virent la défaite de Baudouin III et celle de Baudouin IV. Mille autres engagements seraient à raconter, s'il fallait tout dire. Hélas ! une grande victoire, ici remportée, décida le triomphe complet de l'islamisme

Vraiment, les destinées de la Terre-Sainte sont enveloppées de mystères impénétrables. Sur le sol même, où Notre-Seigneur fit tant de prodiges, nous avons vu succomber le dernier roi de Jérusalem. Aux sources du Jourdain, nous assisterons encore à une lutte décisive entre l'erreur et la vérité. Un empire chrétien succombera, et le cimeterre de Mahomet s'abreuvera du sang des fidèles.

Comme une marée montante, les armées du Croissant avaient couvert la moitié de la Syrie. Ses flots impurs grossissaient chaque jour, et, suivant la progression du flux et du reflux, lorsqu'ils paraissaient se retirer, c'était pour revenir plus impétueux et plus terribles. Nulle digue n'était capable de s'opposer à ces vagues humaines. Dieu, qui a dit à la mer : Tu t'arrêteras devant le grain de sable, avait permis à l'élément dévastateur de passer sur une terre criminelle et de la réduire comme à néant.

Les auteurs arabes prétendent qu'après la reddition de Damas, Héraclius avait dit, avec désespoir : *Adieu la Syrie !* — Hélas ! il était prophète ! Honteux et découragé, le vainqueur des Perses, celui auquel on avait élevé tant d'arcs de triomphe, érigé tant de statues, prodigué tant d'applaudissements, n'osait plus rentrer dans sa capitale ; il s'était réfugié dans un de ses palais, sur la côte d'Asie. Le monarque était arrivé à cet âge où les mains des plus robustes deviennent tremblantes, où la tête se trouble lorsque, sur la hauteur, on aperçoit le précipice. Athalaric, son fils naturel, et Théodore, son neveu, conspiraient contre lui. Et cependant, la crainte de la mer l'empêchait de s'exposer au hasard d'un trajet, d'ailleurs bien court, pour rétablir l'ordre à Constantinople, et sauver sa couronne L'empire romain touchait à une de ces crises qui font ou la vie ou la mort des nations

Cependant, au moyen d'un pont de bateaux, dont les parapets élevés, garnis de feuillages, dissimulaient la vue des flots, on était parvenu à ramener le souverain dans sa capitale. Il avait ordonné un nouveau recrutement et nommé un généralissime, pour commander à sa place. Deux cent mille hommes passent en Syrie, sous les ordres d'un Arménien, nommé Vahan. Indisciplinée, comme devaient l'être de telles recrues, cette masse de soldats, prétendus libérateurs, tomba sur le pays comme un ouragan, brûlant tout, saccageant tout, s'abandonnant à tous les excès au point que les populations syriennes se virent réduites à former des vœux secrets pour le triomphe des ennemis de l'empire.

Malgré tout, la partie était belle pour les Grecs, s'ils avaient su la jouer. Les Musulmans le sentaient bien. Leurs forces principales étaient à Émèse, c'est-à-dire à l'extrémité de leurs dernières conquêtes. Derrière eux, les villes ennemies, et, pour tout refuge, les déserts de la Mésopotamie. De plus, gagnés par les promesses de l'empereur, les chrétiens arabes avaient fourni à son général une cavalerie légère indigène, dont il manquait absolument ; et Constantin, l'héritier du trône, était venu à bout de réunir quarante mille hommes autour de Césarée. Ainsi menacée au nord et au midi, l'armée infidèle courait les plus grands risques. Le péril était extrême ! Elle se décida à jouer le tout pour le tout. Seulement, elle jugea prudent de mieux choisir sa position : on la vit se replier au delà de Damas, jusqu'à une petite rivière appelée Yarmouk, qui tombe dans le Jourdain.

Vahan aurait dû, peut-être, profiter de l'hésitation des Arabes, et tomber sur eux, avant l'arrivée des renforts promis par le kalife Omar. Il préféra parlementer ; Khaled accepta la conférence, et vint en personne trouver son rival. L'Arménien se donna le tort d'étaler un luxe intempestif. Il se couvrit de ses robes les plus précieuses, se fit élever un trône de pourpre et d'or, et prépara un siège éclatant pour son visiteur. Il ne connaissait pas le génie des Arabes. Khaled sentit son avantage, repoussa le siège et s'assit par terre. Et comme le vaniteux Arménien s'en montrait blessé : « La terre, dit l'Arabe, « est le siège destiné par Dieu à Mahomet son pro-

« phète, et le prophète l'a léguée aux musulmans
« ses disciples ». On se dit mutuellement des choses captieuses, et puis on s'emporta, et, Khaled ayant dit à Vahan : « J'espère te conduire un jour
« à Omar, la corde au cou, pour être décapité »; —
l'Arménien, pour se venger, le menaca de faire couper immédiatement la tête à trois prisonniers fort estimés des Arabes. « Prends garde, s'écria Khaled
« en brandissant son sabre, prends garde à ce que
« tu vas faire ; je jure par le nom de Dieu, par Maho-
« met, et par la sainte Kaaba, que si tu les fais mou-
« rir je te tuerai de ma propre main, et que mes
« compagnons tueront chacun leur homme ». Vahan eut peur ; il eut la lâcheté de céder les trois prisonniers. Khaled, en retour, lui fit présent d'une tente d'écarlate. On se sépara sans rien conclure. Mais les Musulmans avaient gagné du temps. Pendant les pourparlers, Saïd-Ebn-Amir leur avait amené huit mille hommes, chargés de trophées, c'est-à-dire avec des têtes chrétiennes au bout de leurs lances.

Un matin, à l'aube du jour, toute l'armée musulmane, prosternée à terre dans la direction de l'Orient, récita d'une voix grave et accentuée, ces paroles sacramentelles :

« Dieu est grand, Dieu est grand ! il n'y a pas d'autre dieu que Dieu, et Mahomet est son prophète ! » — Et puis, comme un immense hourra, ils poussèrent un grand cri, et dirent :

Louanges à Dieu! et les chefs leur crièrent : « Musulmans, Dieu vous donne la Terre-Sainte ; votre glaive vous en ouvrira les portes. » — Alors ils se levèrent pour le combat.

Khaled commandait les troupes. Abou-Obaïda, par la conscience de son infériorité, lui avait cédé le premier rang. Pour lui, brandissant le drapeau jaune de Mahomet, il se tint derrière pour empêcher les Arabes de reculer, quels que fussent les caprices de la fortune. L'exaltation était à ce point que les femmes elles-mêmes se donnèrent la mission d'arrêter les fuyards, au besoin, par les injures et par la force.

Comme un nuage épais, porteur de la grêle et de tous les fléaux, s'avance en grondant, les masses de l'armée grecque roulèrent avec furie sur les quarante mille Arabes, défoncèrent leurs lignes, séparèrent leur cavalerie de leur infanterie, et forcèrent les plus braves à se replier. Alors commença le rôle des femmes. Elles supplièrent d'abord, et puis s'armant de pieux et de bâtons, elles se mirent à frapper avec une telle furie que les plus lâches retournèrent au combat. Trois fois repoussés, les musulmans revinrent trois fois à la charge. La bataille dix fois suspendue, recommença dix fois, et les ténèbres forcèrent enfin les deux armées à laisser le combat indécis.

La nuit fut solennelle. Des deux côtés, même incertitude. Chacun pouvait se demander s'il verrait le soleil se lever, deux fois, sur sa tête. Douze heures se passèrent ensuite, dans une mêlée furieuse, une lutte corps à corps, où deux peuples entiers se disputaient l'existence. Ce fut un choc immense de sabres et de lances. On entendit mille imprécations, des cris de mort, des rugissements de désespoir, des exclamations de joie, se mêler au cliquetis des armes ; le sang coula par torrents ; la multitude des cadavres fut innombrable. Un épisode surprenant caractérisa cette journée. Tout à coup, du sommet d'une colline, des archers arméniens décochèrent leurs flèches avec tant de précision qu'en un instant, ils éborgnèrent ou aveuglèrent sept cents musulmans des plus braves. Les Arabes ont conservé le souvenir de cet exploit : et ils appellent cette seconde action de la bataille d'Yarmouk *l'affaire de l'aveuglement*. Encore une journée perdue. La victoire n'était pas décidée, lorsque le soleil éteignit ses yeux.

Une trahison devait amener le dénouement. On parle de l'hospitalité violée, d'une malheureuse mère, la tête de son fils à la main, demandant vengeance, et jetée brusquement à la porte par le général grec. Toujours est-il qu'un traître vint, dans les ténèbres, proposer au chef des chrétiens le moyen d'obtenir la victoire. Vahan crut à sa parole ; et lorsque les deux armées en furent aux mains pour la troisième fois, il confia à ce monstre une légion romaine tout entière, qui devait passer un gué, tourner l'ennemi, et mettre le feu à son camp. Un gros de cinq cents cavaliers arabes se trouva de l'autre côté du gué, fit semblant d'avoir peur, et traversa la rivière à toute bride. Le traître battit des mains, indiqua à la légion un autre gué, et la lança perfidement à la poursuite des fuyards. Or l'eau était rapide et profonde en cet endroit; l'élite des troupes romaines y périt. Alors Vahan privé de ses soldats, chancela comme un homme ivre. Par l'effet d'une seconde trahison, ou par un mouvement spontané, les Arabes chrétiens l'abandonnèrent et passèrent à l'ennemi. Un immense cri de joie se fit entendre parmi les musulmans ; le Croissant triomphait ! Cinquante mille chrétiens restèrent sur le champ de bataille, un nombre égal tomba entre les mains de l'ennemi; Vahan, saisi dans sa fuite, fut conduit à Damas et assassiné lâchement par un inconnu.

La terrible voix de la guerre avait parlé. L'empire d'Orient perdait la Syrie sans retour. L'Occident allait avoir à compter avec les nouveaux maîtres de l'Asie. Mais surtout, la Terre-Sainte passait en la possesion des ennemis de la Croix. La kalife Omar allait entrer à Jérusalem !

Après Banias, il y aurait encore une expédition à faire. Les plaines du Houran s'ouvrent devant nous. A quelque distance se trouve l'antique Bosra dans le pays d'Édom, et non loin de Bosra, Canath et le pays des Géants. Il y aurait tout un monde à étudier. Une population, moitié nomade, moitié sédentaire, y cherche un abri parmi des demeures que ne construisirent pas ses pères. l'histoire ignore les temps qui virent élever ces habitations cyclopéennes. Des blocs de granit superposés forment les murs. Ni les cèdres du Liban, ni le sapin des hautes montagnes, ni les arbres des forêts du Bazon ne furent employés à les couvrir. De longs madriers de pierre remplacent le bois. Les portes sont de pierre ; elles roulent sur des gonds de pierre, engagés dans la muraille, en sorte qu'on ne pourrait les déplacer sans ruiner l'édifice tout entier. Trois fois dix siècles ont passé sur ces masses compactes. Bien des montagnes ont vu leurs sommets s'abaisser et les rochers de leurs cîmes se précipiter avec fracas dans la vallée ; les demeures du pays où vécurent Job et ses ancêtres, sont encore debout !

Mais nous sommes trop nombreux pour changer l'itinéraire tracé d'avance à notre pèlerinage. Tous n'ont pas le loisir de prolonger indéfiniment le saint voyage ; à d'autres la santé manquerait pour affronter les fatigues d'une marche au désert. Mieux vaut reprendre le chemin de Nazareth.

XIII

CANA EN GALILÉE

Nos amis furent singulièrement éprouvés par la chaleur dans leur course à Tibériade. La seconde nuit après leur départ, je veillais paisiblement mon pauvre blessé, lorsque j'entendis, sous ma fenêtre, le bruit de nombreux pas de chevaux. C'était la caravane qui arrivait vingt-quatre heures trop tôt. Un premier mécompte avait commencé à les dégoûter. Ils n'avaient trouvé à Tibériade, ni pêcheurs de bonne volonté, ni bateaux pour les transporter à Capharnaüm. Faire la route à cheval, par un soleil brûlant, sans ombre et sans rafraîchissement aucun, leur avait paru trop dur. Ils étaient restés sous leurs tentes pendant une grande partie de la journée. La chaleur devenant insupportable, on essaya vainement d'un bain de mer ; enfin sur les trois heures, on conjura le duc de Lorges de donner le signal du départ, j'allais presque dire qu'on le lui arracha, tant l'impatience était grande. Les tentes furent pliées ; on remonta à cheval ; à dix heures on dînait à Cana ; à minuit on nous surprenait à Nazareth.

Sans les condamner, je regrette, pour mes compagnons, leur précipitation trop grande. Ils n'ont pu jouir des mille incidents d'une route pleine d'intérêt. De Tibériade à Nazareth, par Cana, que de souvenirs ! Voici entre deux collines le vallon pittoresque, où Notre-Seigneur multiplia les cinq pains et les deux poissons. Et puis, cette montagne entendit sortir de la bouche du Fils de Dieu ces grandes paroles, connues sous le nom des huit Béatitudes. — Bienheureux les pauvres ! Bienheureux ceux qui pleurent ! Bienheureux ceux qui souffrent persécution pour la justice ! — Depuis le jour où Dieu posa les assises de la terre, quatre mille ans se sont écoulés sans que le monde ait entendu ces choses ; la joie, hélas ! et la débauche; la richesse, et peut-être la rapine ; la puissance, et la domination de l'homme sur l'homme par l'esclavage, et l'abus de la force contre le droit, et l'oppression du faible, s'appelaient, alors, presque des vertus, Jésus-Christ venait délivrer la terre par l'humilité.

Après la montagne des Béatitudes, on montre le champ des épis, où les apôtres, pressés de la faim, un jour du sabbat, froissèrent le blé dans leurs mains pour s'en nourrir.

Cana était une ville à laquelle on avait donné le surnom de *petite*, pour la distinguer de la *grande* cité du même nom, qui existe encore, de nos jours, aux environs de Saïda. Ses habitants étaient pauvres ; leurs demeures se trouvaient éparses dans un vallon couvert de roseaux ; de là le nom de Cana, qui veut dire roseau.

Notre-Seigneur les traversa, dans un de ses voyages de Nazareth à Capharnaüm. Or, on y célébrait une noce ; et Jésus y fut invité avec sa Mère et ses amis. Il était arrivé le troisième jour, mais nous dit saint Jean, et puisque la cérémonie se fit le lendemain, mercredi, nous pouvons en conclure que la fiancée était une jeune fille, car les veuves se mariaient le jeudi, et nulle dispense ne leur eût permis de le faire la veille. Ce jour-là, dès que le soleil eut paru sur l'horizon, le fiancé, conformément à l'usage, envoya chez son beau-père la parure de sa fiancée, avec des vases d'onguents et de parfums, des fruits et beaucoup d'objets précieux. En retour, la jeune fille fit porter à son ami une chemise mortuaire dont il devait se revêtir tous les ans, au renouvellement de l'année et à la fête des Expiations ; elle avait également préparé la sienne pour les mêmes époques ; et c'était une leçon sagement donnée, pour prévenir contre l'abus des prospérités mondaines.

La dot avait été fixée à l'avance ; elle devait être de quatre cents zuzim (trois cent soixante francs à peu près), puisque la mariée était vierge. Celle d'une veuve ou d'une femme renvoyée par son mari valait la moitié moins.

Après lui avoir donné le temps de pourvoir au

soin de sa toilette, le fiancé, la tête parfumée et ornée d'une couronne de fleurs, était venu, avec ses compagnons, chercher la jeune fille, et l'avait conduite solennellement dans la maison de son père, au milieu des chants, de la musique et des chœurs de danse. Dix jeunes gens et dix jeunes filles formaient le cortège obligé. Le paranymphe marchait devant avec l'ami de l'époux, et la jeune mariée entre eux deux. C'étaient des parents des deux familles. Ils apportaient avec eux des présents de noce, et le fiancé devait leur en faire à son tour, le jour de leur mariage. Accepter cet honneur, était, pour eux, une sorte d'engagement ; ils devenaient comme les parrains des époux, et devaient mettre tout en œuvre pour les réconcilier, s'ils avaient, plus tard, le malheur de se brouiller ensemble.

En entrant dans la maison, lorsque l'époux eût donné, comme arrhes, à son épouse un denier, c'est-à-dire la huitième partie d'un as, on leur remit à tous les deux une table de pierre en mémoire du Sinaï. Elle était l'image de l'union de Dieu avec son Église ; on devait la briser, en cas de séparation, de même que Moïse, avait brisé les deux tables de la loi lorsque les Israélites suivirent des dieux étrangers. Aussitôt, le paranymphe s'efforça d'égayer l'assemblée, car c'était son devoir ; les joueurs de flûte firent entendre des airs joyeux ; et tout le monde se mit en fête. La gaîté était d'obligation ; en s'y livrant, on faisait un acte si agréable à Dieu que la loi dispensait pour ce jour-là des prières quotidiennes, et que le fiancé était même exempté de réciter le Crischma.

A l'heure du festin, la fiancée parut ornée de ses plus beaux atours, un turban sur la tête, ses cheveux retombant en tresses gracieuses semées de myrtes et de roses. Isaïe nous donne le détail de cette superbe parure. Il énumère « les magnifiques « ornements de la chaussure, les réseaux, les bijoux « en forme de croissant, les colliers, les bracelets, « les parfums, les pendants d'oreilles, les anneaux, « les perles qui tombent sur le front, les habits si « variés, les manteaux courts, les robes traînantes, « les miroirs, les bandelettes de lin, et les voiles, « richement brodés ».

D'après le Talmud, des musiciens se présentèrent devant elle et chantèrent ces paroles : « Ses yeux ne sont pas teints de bleu, ni ses joues de rouge ; ses cheveux ne sont point tressés avec art, mais elle n'en est pas moins gracieuse ». C'était bien un mensonge officieux, car de rigueur, parmi les présents, le fiancé devait toujours mettre des vases de carmin et de vermillon. L'usage de se peindre la figure a toujours existé en Orient. Aujourd'hui encore, nos orientales se font une teinture pour les yeux avec une composition d'antimoine, d'huile et de zinc pulvérisé. On sait qu'elles se teignent les ongles en rouge avec du henné. Les sages proposèrent des énigmes pleines d'allusion à la fiancée. On jeta, çà et là, des fèves, et des grains d'orge, que chacun s'empressa de ramasser pour les garder en souvenir ; c'était un symbole, et comme un vœu de fécondité. Des troupes d'enfants dansèrent autour des convives, et firent mille tours d'adresse, pour attraper, avec art, les noix qu'on leur lançait. Et, de peur que la joie ne devînt excessive, de temps à autre, des serviteurs furent chargés de briser, avec éclat, des coupes de verre, en signe de la fragilité des biens de ce monde. Or, il était d'usage, lorsque les mariés étaient pauvres, que les invités apportassent avec eux du vin, des gâteaux, des oiseaux, et tout ce qui pouvait contribuer à l'éclat du festin. Ceux-ci n'étaient probablement ni riches ni pauvres ; ils avaient fait, sans doute, les principaux frais, et leurs amis n'avaient contribué qu'à cette surabondance nécessaire dans une réunion d'apparat. Or Jésus et sa divine Mère, venant de Nazareth, et surpris par une invitation à laquelle ils ne s'attendaient pas, s'étaient présentés les mains vides. La sainte Vierge, avec son tact exquis, en souffrait évidemment ; aussi la voyons-nous empressée de profiter d'une occasion naturellement offerte pour réparer l'omission involontaire. Les noces duraient sept jours ; on était au septième, d'après les apparences ; tout avait marché pour le mieux jusque là ; les convives étaient satisfaits ; la joie parfaite. Tout à coup le vin manqua. On en prévint tout bas les époux. Un nuage de tristesse se répandit sur leur front. Le cœur de la divine Mère devina leur embarras, et, avec cette simplicité sublime qui se dissimule elle-même pour rendre service, elle prit aussitôt son parti. Tout s'arrangea entre elle et Jésus. Point de ces exclamations d'un faux intérêt qui consiste à dire : Vous êtes dans la peine, regardez-moi : Je vais faire une action d'éclat, je serai votre sauveur ! — Elle se penche vers Jésus, et lui dit à demi voix : Mon fils, ils n'ont point de vin. — Et le Seigneur a l'air de s'étonner de ce que sa mère, si parfaite, songe à un détail de ce genre. Mais ma mère, lui dit-il, qu'est-ce que cela peut me faire à moi aussi ? En vérité, combien cela ne doit-il pas être indifférent et à vous et à moi ! Après tout je vois bien que vous me demandez un miracle, mais, vous le savez, mon heure n'est pas encore venue. — Eh ! bien ! oui, il s'agissait d'un miracle, et la volonté du Père céleste en avait fixé l'heure à une autre époque ; mais le cœur de Marie était la charité même ; elle ne pouvait se résoudre à voir souffrir, en un jour comme celui-là, deux jeunes gens qui étaient bons et qui lui avaient fait des avances. Elle sait que le Père céleste lui a donné sur lui-même le pouvoir de persuasion d'une fille chérie ; elle connaît l'obéissance et la tendresse du plus parfait des fils. Elle a demandé un miracle ; on lui a répondu par une excuse, et par une sorte de fin de non recevoir ; elle n'en est pas troublée ; elle a demandé, et, pour une mère, demander c'est, en quelque sorte, commander. Aussi ne la voyons-nous pas insister. Elle compte si bien sur le prodige, que, se retournant, vers les domestiques, elle leur dit avec simplicité : Faites ce qu'il vous dira ! — Or, il y avait là six amphores de pierre, ou plutôt six urnes destinées à contenir l'eau pour les ablutions. Chacune d'elles pouvait recevoir de deux à trois *épha*, or l'épha répondait à la moitié d'un seau ordinaire. Jésus, obéissant, vit les serviteurs s'approcher de lui pour recevoir ses ordres, il commanda, puisque sa mère le voulait; il dit : Remplissez ces urnes jusqu'au bord, et portez-les à l'ordonnateur du festin. — Or cette eau se trouva miraculeusement changée en un vin délicieux. La réflexion du maître d'hôtel ne semble pas tout à fait témoigner en faveur de la tempérance des Galiléens. — Comment ! s'écrie-t-il, on a réservé le meilleur vin pour le dessert ; c'est une maladresse. Un habile maître de maison présente d'abord ce qu'il a de meilleur, et quand le goût est émoussé par la surabondance, peu importe la qualité, pourvu que la quantité s'y trouve. — Sans m'arrêter, à cette observation gastronomique, je me sens frappé d'une particularité étrange de ce passage de l'Évangile. A peine si les auteurs sacrés font mention de la sainte Vierge dans leurs divins récits. Les apôtres y ont leur grande part; mais pour la Mère du Sauveur, on semble ne la nommer que lorsque c'est absolument nécessaire pour l'intelligence du fait. Voici, au contraire, une histoire où elle paraît, en quelque sorte, la première, et c'est pour raconter qu'elle assiste à des noces. En vérité, l'historien sacré paraît s'être oublié ; on serait tenté de lui demander s'il n'y avait pas des choses plus intéressantes à dire sur les rapports de Jésus et de Marie, Mais non ! Jésus-Christ nous destinait Marie pour mère ; et, quand il parle d'elle, le Saint-Esprit tient à nous révéler son cœur de mère. Or, la mère aime, dans son enfant, jusqu'à ses caprices innocents. Si l'Évangéliste nous eût montré Marie absorbée dans la contemplation des perfections de son divin Fils, nous aurions dit : Cette mère est trop sublime pour moi ! — Il nous fallait Marie préoccupée des plus petits détails de la vie de famille. Après l'Incarnation, elle quitte la solitude où elle eût été si heureuse dans la possession de son trésor, pour aller tenir compagnie à sa parente éprouvée par la souffrance. Douze ans plus tard, lorsqu'elle a perdu son divin Fils, resté au Temple, nous l'entendons pousser cette exclamation, vrai cri de cœur maternel : Mon Fils, pourquoi nous avoir traités ainsi ? Ne saviez-vous pas que votre action remplirait le cœur de votre père et le mien d'une grande tristesse ? — Aujourd'hui, la mère, tendrement inquiète, se montre dans un naturel sublime. Quelque chose manque à ses protégés. L'objet de leur peine est insignifiant, mais qu'importe ! Ils sont tristes, cela suffit ; elle ordonnera un miracle plutôt que les laisser dans la peine. Voilà le cœur de Marie ! Combien de pères et de mères de famille dans l'embarras, combien de jeunes gens en peine pour s'ouvrir une carrière, auraient besoin de venir à Cana, pour apprendre à connaître d'où leur viendra le secours !

Presque au sortir du village où Jésus fit son premier miracle, nous rencontrons le petit village d'El-Madeh. Quel bonheur d'y recueillir, en passant, un souvenir de gloire, après les tristesses de la bataille d'Hittin ! Ici cent trente guerriers chrétiens ont tenu tête à sept mille cavaliers musulmans, commandés par Aphdal, fils de Saladin. Inférieurs en nombre, ils surpasseront l'ennemi en valeur. En voici la gracieuse narration, telle que je l'ai lue, en cet endroit même, dans la Correspondance même d'Orient :

« Les Templiers étaient partis du château de Belvoir, situé au delà de la plaine d'Esdrelon, presque vis-à-vis du Thabor ; ils arrivèrent à Nazareth pour y passer la nuit. Le lendemain, les deux grands-maîtres du temple et de l'Hôpital, à la tête d'une poignée de chevaliers, se mirent en route pour Tibériade. La petite troupe de chevaliers croisés eut à combattre des troupes musulmanes dix fois plus nombreuses. On vit les héros chrétiens arracher les flèches dont ils étaient percés et les renvoyer aux infidèles, boire leur propre sang pour étancher leur soif, brisant leurs lances et leurs épées, se jeter sur les ennemis, se battre corps à corps, et mourir en menaçant leurs vainqueurs. Mais rien n'égala l'héroïsme de Jacquelin de Maillé, chevalier tourangeau, maréchal de l'Ordre du Temple. Monté sur un destrier blanc, revêtu d'armes éclatantes il combattit longtemps au premier rang, aidé d'un chevalier hospitalier, nommé Henri. Resté seul, il lutta parmi des monceaux de cadavres dont il s'était entouré. Son courage étonna tellement les infidèles, que la plupart lui criaient avec une pitié affectueuse : Rendez-vous, on ne vous fera point de mal ; mais, préférant le martyre à une faiblesse, il ne voulut jamais se rendre. Quand son cheval tomba mort, le Décius français se releva, se précipita au milieu des ennemis, et ne succomba enfin qu'après des efforts inouis. On vit alors les Sarrasins, qui n'avaient osé l'approcher dans le feu du combat, se ruer sur son cadavre, le déchirer comme des forcenés, et en semer à terre les lambeaux sanglants. Mais d'autres, pleins d'une admiration fanatique et superstitieuse, le prenant pour saint Georges, se partagèrent ses dépouilles comme des reliques. En effet, les musulmans se représentaient saint Georges monté sur un cheval blanc et paré d'armes brillantes. Il y en eut qui répandirent de la poussière sur le cadavre, et qui, reprenant ensuite cette poussière, en couvrirent leur tête, croyant par ce contact s'inoculer dans l'âme l'héroïsme du chevalier...

« A peine les Sarrasins, comme épouvantés de leur victoire, se furent-ils retirés, que les chrétiens de Nazareth, ayant leur évêque à leur tête, allèrent chercher les cadavres mutilés des héros chrétiens, et les ensevelirent dans la basilique de Sainte-Marie, aujourd'hui détruite, mais dont la cour du couvent latin occupe la nef. »

Ainsi, à l'ombre du Thabor, parmi ces défilés pierreux, les soldats de la Croix eurent leurs Thermopyles. N'est-ce pas le cas de crier : Honneur aux vaincus !

J'admire comment, en pleine nuit, les mauvais cavaliers de la caravane, et Dieu sait s'il y en avait, sont venus à bout d'atteindre Nazareth sans se fracasser les os. Le chemin ressemble à un escalier en zig-zag ; les chats eux-mêmes auraient de la peine à le suivre. Il est vrai que cette nuit était une nuit d'Orient !

XIV

L'ANGELUS A NAZARETH

Il se fait tard : les grandes ombres du Carmel se sont allongées dans la plaine d'Esdrelon ; le soleil a disparu du côté de la France, dans la direction de ce que les Arabes appellent les pays du soir. Notre journée s'est passée dans le repos. On en avait besoin, après les fatigues de la course à Tibériade. A l'entrée de la nuit, nous sommes réunis devant l'autel de l'Annonciation, pour y chanter, en commun, le dernier cantique du pèlerin, et la cloche du monastère mêle sa voix argentine aux accents mélodieux de nos jeunes gens. Personne, dans la solitude, au milieu des montagnes, n'est resté insensible au tintement de la cloche du village qui annonce la fin du jour et rappelle l'ouvrier du travail. Mais, à Nazareth, la voix mystérieuse qui semble chanter l'*Ave Maria*, emprunte un charme indéfinissable au lieu même où elle se fait entendre. L'*Angelus* est l'abrégé de l'histoire de l'Incarnation ; or, ce mystère s'est opéré à Nazareth. Si grand que soit un bienfait, la reconnaissance en devient plus sensible lorsqu'on peut se dire : Ici même, un cœur dévoué s'est immolé pour moi ! Et à Nazareth, ce cœur est celui d'un Dieu !

On ne s'étonnera donc point que je m'arrête, un moment, aux gracieux souvenirs que réveille en moi *la cloche de l'Angelus*.

La pratique de sonner ainsi trois fois le jour, pour rappeler à l'univers catholique le mystère de l'Incarnation de Notre-Seigneur, doit son origine première aux Croisés, si nous devons en croire une vieille légende.

Un jour, c'était la veille d'un solennel départ. Tout ce que l'Europe possèdait de grand par la naissance, par la fortune, par la science, la piété et le courage, allait s'élancer au-delà des mers, sur le sol asiatique, pour arracher les Lieux saints à la tyrannie des Turcs, *Dieu le veut !* s'était écrié Pierre l'Ermite avec l'accent d'une éloquence inspirée. *Dieu le veut !* avaient répété les Croisés, dans un concert unanime d'enthousiasme. Et la France, et l'Angleterre, et l'Italie, et l'Allemagne s'étaient levées impatientes d'aller combattre les ennemis du Seigneur. Mais le courage, qui donne la force de s'exiler, n'éteint pas les nobles sentiments d'affection dans le cœur d'un père, d'un époux, d'un fils. On allait quitter sa famille, son pays et tout ce qu'on aimait, pour s'exposer aux hasards d'une expédition lointaine. Quand se verrait-on ? Aurait-on jamais ce bonheur ? On l'ignorait. Alors on cherchait un symbole de reconnaissance et comme un point de ralliement où, chaque jour, se retrouveraient, par le souvenir, les cœurs de ceux qui partaient et de ceux qui restaient.

On ne trouva rien de plus consolant que de se rappeler ensemble, trois fois par jour, au pied du trône de la sainte Vierge, le mystère de l'Incarnation de Notre-Seigneur. Par lui, en effet, l'homme condamné au malheur a droit de relever sa tête flétrie et d'aspirer au ciel. Il était doux pour les absents de se remettre en mémoire, qu'en vertu du mystère de l'Incarnation, ils avaient droit à une vie meilleure, et que, si les maladies ou les malheurs de la guerre venaient leur ôter tout espoir de revoir les leurs sur la terre, ils pouvaient se donner au ciel un rendez-vous éternel. Une décision fut prise d'un commun accord. Le pape Urbain IV donna à toute la chrétienté l'avis solennel de ce pieux contrat, et, par son ordre, chaque jour, le matin, à midi, et le soir, le son de la cloche dut rappeler à l'univers catholique le mystère de l'Incarnation : on sonnait dans le camp des soldats de la Croix, on sonnait au village, dans la ville, au beffroi du château féodal ; et guerriers, nobles châtelaines, artisans, laboureurs, mères et jeunes filles s'unissaient du fond du cœur aux membres de la famille absents et priaient Marie, Mère du Verbe fait chair, pour les objets de leurs chastes affections.

Ces choses se passaient en 1096.

Plus tard, au jour de la victoire, l'épée des Croisés rentra dans son fourreau. Mais, la guerre sainte finie, les cœurs habitués à rendre quotidiennement à Jésus-Christ et à sa Mère un triple hommage de reconnaissance et d'amour, ne purent se résigner à abandonner ce pieux usage, et, dans beaucoup d'endroits, la cloche ne cessa de sonner trois fois par jour pour faire penser au mystère de l'Incarnation de Notre-Seigneur. Trois cents ans s'étaient écoulés ainsi, lorsque, en 1449, une pieuse veuve de la ville du Puy, Agnès de Monteil, constitua une rente perpétuelle pour que, régulièrement, trois fois par jour, la cloche avertit les fidèles de réciter *l'Angelus*. Cet exemple fut bientôt imité. La chrétienté tout entière le suivit, et les Papes témoignèrent hautement leur approbation, en accordant à cette pratique de nombreuses indulgences.

Oh! qu'elle fut noble et belle cette pensée de nos pères! qu'elle fut sainte, et qu'elle fut fraternelle! Comme on apprécie, dans le motif qui dicta cette institution, l'impérieux dessein de l'amitié qui cherche à s'unir par un lien spirituel, lorsque les rapports extérieurs viennent à manquer.

Et vraiment, les Croisés pouvaient-ils mieux choisir que le mystère dans la pensée duquel les âmes éloignées allaient se réunir au pied de Dieu? Y a-t-il dans l'histoire de l'humanité, un fait plus capable d'exciter en nous les sentiments de la reconnaissance que celui par lequel Dieu a bien voulu se faire homme pour nous sauver.

Qu'était l'humanité, avant l'Incarnation de Notre-Seigneur ? Qu'est-elle devenue après ?

Remontez le cours des siècles. Regardez le monde avant Jésus-Christ. Voyez cette multitude d'hommes répandus sur les cinq parties du globe. Les uns sont blancs, les autres noirs. Ils parlent des langues différentes. Parmi eux chaque peuple a ses usages et ses coutumes particulières. Que font-ils depuis quatre mille ans que le monde existe ?

Les uns, nous dit l'histoire, se livrent à la guerre avec un acharnement épouvantable. Les autres profitent de la paix pour se plonger dans des orgies honteuses. Je vois des vieillards qui meurent après une longue vie passée dans le crime. Ils pleurent en quittant un monde qui ne les a pas rendus heureux. Et puis, des enfants viennent au jour ; ils croissent et s'adonnent au vice, à l'exemple de leurs pères, vivent et meurent dans les mêmes angoisses.

Ainsi, des guerres cruelles qui font ruisseler le sang, une paix voluptueuse qui déchaîne les passions les plus infâmes ; les hommes vivant dans la peine et mourant dans le désespoir ; voilà l'état du monde avant la venue de Notre-Seigneur Jésus-Christ ; et ces malheurs temporels étaient encore le moindre mal.

Les hommes avaient oublié Dieu. Ils s'étaient révoltés contre lui ; et, en punition de leurs crimes ils sortaient de cette vie pour être précipités les uns après les autres dans les flammes de l'enfer.

Quelle effroyable image présente cette considération ! Il semble voir l'humanité sous la forme d'un grand fleuve qui se précipiterait vers la mer. Les hommes naissent en grand nombre, passent quelques jours au milieu du tourbillon du monde, et s'en vont, pressés les uns sur les autres, se culbutant et tombant, au sortir de cette vie, dans les flammes éternelles. « Je les ai vus, dit un prophète ; « leur chute ressemblait, pour le nombre, à celle « de la neige qui tombe sur la terre à flocons pres- « sés. »

Quelle épouvantable catastrophe !

On la comprend. Elle était juste. Elle était nécessaire. Voyez comment se conduisent les hommes ! Écoutez ce qu'ils disent. — Ils ont renversé les autels de Dieu. Ils ont construit des temples au démon : ils en ont couvert la terre ; et ils se pressent dans ces temples pour adorer Satan. Dieu ils ne le connaissent plus ; ils le blasphèment. Et de ces cent millions de bouches d'hommes adorateurs sortent à chaque moment cent millions de blasphèmes, qui s'élèvent vers le ciel comme les hourras effroyables d'un peuple en révolution. Comment voulez-vous que Dieu bénisse ce repaire de brigands ; qu'il ne punisse pas ces criminels révoltés contre toutes les lois de la nature et de la vertu ? Il ne pourrait, sans cesser d'être juste, épargner la vengeance à ces coupables. C'eût été, de la part de la Sainteté même, faire grâce à l'infamie.

Nous venons de voir l'état du monde ; considérons maintenant ce qui se passe dans le séjour de Dieu.

Voyez-vous, à travers les nuages, dans la partie supérieure du ciel, ce Conseil auguste qui délibère. Les trois personnes de la sainte Trinité, du haut de leur trône porté par les chérubins, dans une lumière inaccessible, entourées de millions d'anges, regardaient le terre qu'elles avaient créée. Elles trouvaient les hommes dans une révolte ouverte contre leur Créateur. Elles les entendaient blasphémer le Dieu qui les avait tirés du néant, elles les voyaient s'entretuer les uns les autres et offrir leur encens au démon.

En face de ces désordres, que devait faire Dieu ?

Aux jours de Noé, lorsque la terre était couverte de crimes, il s'était repenti d'avoir créé l'homme. et il avait dit : Mon esprit ne restera pas sur lui, parce qu'il est devenu chair. — Et il l'avait englouti dans les eaux du déluge. Plus tard, il avait fait pleuvoir une pluie de feu et soufre sur Sodôme et Gomorrhe, devenues criminelles. Maintenant que devait-il ordonner contre la terre si coupable¿

Les hommes ne méritaient-ils pas d'être écrasés ?

Eh ! bien, non ! Dieu se recueille, il médite.

Les anges étonnés se groupent autour de la Trinité dans un silence solennel. Ils sont prêts à exécuter les ordres sortis de la bouche divine.

Dieu va parler ! Écoutons.

O bonté ineffable ! Le Seigneur a, pour ainsi dire, oublié qu'il est Dieu, pour se rappeler qu'il est père. Il se plaint, non de l'injure que lui fait le péché, mais du malheur de ses enfants qu'il voit se précipiter en aveugles dans les flammes de l'enfer. Il demande si personne ne s'interposera entre sa justice et sa miséricorde pour arrêter ces insensés. Les anges sont impuissants à réparer un outrage infini. Forcément ils restent muets. Alors je vois Dieu le fils se jeter aux genoux de son Père. D'une main, il montre son cœur embrasé d'amour; de l'autre, il arrête le bras de la justice. Il offre de s'immoler pour la réparation du genre humain.

Le moyen de sauver les hommes est trouvé. Il en coûte un sacrifice immense au cœur du père obligé de livrer son fils aux bêtes féroces qui peuplent la terre et qui l'abreuveront d'outrages avant de le faire mourir. Il en coûte au fils de se remettre entre de telles mains. N'importe ! l'amour est vainqueur.

Un ordre est donné.

L'archange Gabriel, un de ceux qui se tiennent perpétuellement devant la face de Dieu, descend du ciel, éclatant de pureté, et s'abaisse doucement vers la terre. Comme la colombe de l'arche après le déluge, il cherche où reposer son pied sans le souiller, au milieu de cette terre couverte de fange. Il a vu la maison de Nazareth. Il y est entré. Il est en face d'une jeune vierge, pure comme les rayons du soleil, que le souffle du mal n'a jamais effleurée. Il lui dit : « Je vous salue, Marie, pleine de grâce, le Seigneur est avec vous ». Il lui annonce la grande nouvelle. Et Marie conçut par l'opération du Saint-Esprit; et elle dit: « Je suis la sersante du Seigneur. Qu'il me soit fait selon votre parole ». Et le Verbe s'est fait chair, et il a habité parmi nous.

Quelle doit être l'étendue de notre reconnaissance !

Un homme venait d'être condamné à mort ! Je fus introduit dans son cachot, pour le consoler pendant les vingt-quatre dernières heures qui lui restaient à vivre. Cet homme, livré au plus affreux désespoir, poussait d'horribles cris. Il s'arrachait les cheveux, se déchirait les bras et la poitrine avec les ongles, et puis, fatigué de ces excès, retombait sur la paille dans une muette stupeur. Alors il ressemblait à quelque chose d'informe. Ses membres, comme dispersés sur la terre, paraissaient sans vie. Son corps était sans mouvements ; sa tête et son visage sans expression. Nulle pensée consolante ne lui rafraichissait le cœur il les repoussait toutes.

Je m'assis sur sa paille ; j'attendis un peu dans le

silence; et je priai. Lorsque je crus le moment arrivé, je parlai à ce malheureux du mystère de l'Incarnation, de la bonté de Dieu fait homme, de la possibilité de se ménager un bonheur éternel, en employant utilement les vingt-quatre heures que la justice humaine lui accordait encore pour fléchir la colère divine. Le moment était solennel; ce fut comme une révélation ! Cet homme ouvrit les yeux.

« Est-il possible ? me disait-il. » Il ne trouvait pas d'autres paroles pour témoigner sa joie. Il se confessa de ses fautes avec une grande contrition : il pria ; et la consolation descendit dans son cœur à la place de l'affreux désespoir. Le soir, nous étions tous les deux assis sur la paille. Deux gendarmes et huit soldats jouaient aux cartes. Le condamné parlait de Dieu. Tout à coup il s'interrompt et me demande d'ouvrir un moment la porte du cachot qui donnait sur le préau. Je le fais. Nous sortons. Et cet homme contemple le ciel. « Que Dieu est bon, disait-il ; penser que, dans quelques heures j'irai au ciel, moi, misérable ! Et je le devrai à la bonté de Notre-Seigneur, fait homme pour nous ! » Ces sentiments ne cessèrent d'être les mêmes jusqu'au dernier instant. En approchant de l'instrument de mort, il répétait : « Voilà le moment de mon bonheur qui approche ! »

Et ! bien, telle est exactement, dans l'histoire de ce condamné, celle du genre humain tout entier voué à l'enfer pour ses crimes, et sauvé de l'abîme, et ramené vers le ciel par la bonté ineffable de Jésus-Christ fait homme.

Oh! cet acte sublime de la bienfaisance d'un Dieu mérite bien une reconnaissance éternelle, et je comprends l'esprit qui a poussé l'Église à établir la sainte pratique de l'*Angelus*.

L'Angelus est à la fois une histoire et une prière. C'est l'histoire du mystère de l'Incarnation; on y dit:

« L'ange du Seigneur annonça à Marie qu'elle serait Mère de Dieu.

« Et Marie conçut par l'opération du Saint-Esprit.

« Et elle répondit : Je suis la servante du Seigneur qu'il me soit fait selon votre parole.

« Et le Verbe s'est fait chair,

« Et il a habité parmi nous. »

Voilà l'histoire sublime !

Alors, au souvenir du grand mystère compris dans ce peu de mots, on se sent entraîné à prier; on félicite la sainte Vierge Marie d'avoir été choisie pour être la Mère de Dieu, et on lui dit avec l'ange : *Je vous salue, Marie;* et on ajoute : Priez pour nous, sainte Mère de Dieu ; et on termine par une magnifique oraison, où l'on demande à Dieu *qu'après avoir connu par la voix de son ange, le mystère de l'Incarnation de Notre-Seigneur, on mérite, par la vertu de sa passion et de sa croix d'arriver un jour au bonheur du ciel.*

Oh ! oui, je comprends l'établissement de cette pratique.

Quand même ce ne serait qu'un acte de remercîment, pourrions-nous jamais assez louer Dieu pour la manifestation de sa miséricorde dans le mystère de l'Incarnation ?

Mais ce n'est pas seulement une action de grâces, c'est aussi un acte de foi.

Oui, le tintement régulier de l'Angelus est une grande et solennelle profession de foi catholique, jetée du haut des tours de l'Église au milieu des peuples. Lorsque, dans les grandes cités, des milliers d'hommes s'agitent sous la préoccupation d'intérêts matériels, l'airain sacré fait entendre une voix mystérieuse qui domine leur fracas, comme le ciel s'élève au-dessus de la terre, comme la majesté de la maison de Dieu domine nos humbles demeures. Lorsque le peuple est dispersé dans campagne, courbé vers la terre à laquelle il demande ses fruits, la cloche du village sonne et le rappelle à la pensée de Dieu. A la campagne comme à la ville, la traduction de ce langage mystérieux est la même. Elle nous rappelle le grand mystère du Fils de Dieu fait homme dans le sein de la sainte Vierge Marie, et nous commande un acte de foi.

Et puis, que de pieuses leçons nous donnent tout naturellement les vibrations de la cloche paroissiale, régulièrement agitée, le matin, à midi et le soir.

A chaque heure du jour, le marteau des horloges, *cette langue de fer du temps* comme l'appelle Shakhespeare, nous avertit des instants écoulés dans l'ombre de la nuit ou depuis le lever du soleil. Mais sa voix est faible ; et surtout elle est froide comme celle de toutes les allégories païennes. Son langage est le même pour tous. Elle ne parle point de Dieu ; elle ne dit rien du ciel. Au païen comme au chrétien, elle répète : Le temps fuit. Votre vie se décolore. — A tous elle présente l'image de la mort sans aucune pensée consolante. — L'*Angelus*, au contraire, divise nos journées en trois époques mémorables. Sa voix est puissante ; elle retentit aux oreilles de tous. L'accent vigoureux de ses pieuses volées pénètre jusque dans les cachots, plane au milieu des prairies, et vibre jusqu'au fond des forêts. C'est la voix catholique qui parle du ciel à la terre, de Dieu aux hommes, de l'âme au corps, de la vie future à la vie présente. En nous avertissant que le temps passe, elle nous rappelle les promesses éternelles et la bonté infinie qui a ménagé notre salut par l'Incarnation divine.

L'Angelus, au point du jour, c'est le réveille-matin de cette innombrable famille qu'on appelle l'Église, et dont Dieu lui-même est le Père et le Chef. — Quittez votre sommeil, nous dit-il, voici que l'horizon blanchit ; la lumière brille, et les ténèbres s'enfuient. Le soleil les dissipe et rend à chaque objet sa couleur.

Comme l'un de ces anges qui, à la fin des temps sonneront de la trompette aux quatre coins du monde, et dont la voix éclatante ira réveiller les morts jusqu'au fond des entrailles de la terre et des abîmes de la mer, *l'Angelus* du matin, en nous arrachant au sommeil, devient, à chaque nouvelle aurore, l'ange d'une sorte de résurrection générale, qui nous rend à la vie et à l'activité, en nous rappelant que le *Verbe s'est fait chair*.

L'*Angelus* du matin est la voix suprême du Maître qui veut bien appeler lui-même au travail chacun de ses ouvriers: les moissonneurs à la moisson, les vignerons à la vigne, les serviteurs à leur ouvrage ; les pasteurs à la garde de leurs troupeaux, les savants à leurs études, le marchand à son commerce, l'artisan à ses travaux, le cultivateur à ses champs. Il les appelle tous, et veut bien leur promettre qu'il leur tiendra compte pour l'éternité de leurs efforts et de leurs fatigues, *car le Verbe s'est fait chair, et il a habité parmi nous*.

L'*Angelus* du matin est encore l'organe doux et touchant de l'ange de l'espérance. Oh ! pendant cette nuit, que d'êtres souffrants ont arrosé de leurs larmes le chevet de leur lit. Combien qui, semblables à Job, ont appelé douloureusement la fin des ténèbres et le lever de l'aurore ! A tous ces infortunés en proie aux souffrances du corps et à celles bien plus cuisantes de l'âme, *l'Angelus* du matin dit avec l'Apôtre : La nuit a disparu sous la main de Dieu, et le jour va vous être fait par les soins de sa providence attentive. Ne pleurez pas. Espérez ! *car le Verbe s'est fait chair.*

Mais surtout l'*Angelus* du matin est pour l'âme fidèle comme la voix d'une mère qui se penche avec amour sur le berceau de son enfant et le réveille doucement, pour son premier regard, son premier sourire. Il lui dit : Lève-toi et prie Dieu. Que ta prière monte vers Lui, comme on voit la rosée des prairies s'élever doucement dans l'air. Salue la Vierge, étoile du matin, brillante aurore de l'éternité. Recommande Lui tes intérêts de ce jour, car elle est bonne et puissante ; c'est en Elle *que le Verbe s'est fait chair.*

Écoutons l'*Angelus* au commencement de chaque journée. Qu'il soit pour nous comme la voix de Dieu pour le jeune Samuel endormi. Il nous dira : Soldat de Jésus-Chirst, prends tes armes pour un nouveau combat. Voyageur, poursuis ta route vers l'éternité. — Et nous répondrons, comme le fils d'Elcana : Me voici, Seigneur, prêt à vous servir pendant ce jour, car vous m'avez appelé ! Je vous offre toutes mes actions en reconnaissance de ce que *le Verbe s'est fait chair pour moi.*

Sur le milieu du jour, l'*Angelus* vient nous surprendre au plus fort de nos travaux. Il nous trouve occupés de plans, de projets, de calculs... Il nous dit avec sa voix mystérieuse : Déjà s'est écoulée la moitié de ce jour. Arrête-toi, et regarde la mort qui s'est approchée d'une demi-journée de plus. Ces six heures passées sont six heures de marche vers l'éternité. N'oublie pas que ta vie est un pèlerinage ; que tu n'as point, ici-bas, de demeure permanente, et qu'il faut vivre de manière à te préparer l'entrée d'un monde meilleur. Salue donc Celle qui est appelée la porte du ciel, et marche en paix vers l'éternité. N'aie pas peur de la mort, *car le Verbe s'est fait chair pour assurer ta résurrection.*

Mais le jour touche à sa fin. Le soleil a disparu ; les ténèbres s'abaissent vers la terre. La cloche qui, ce matin, a sonné le réveil de la nature, va, ce soir, annoncer l'heure du repos. Le jour a dispersé, éparpillé en quelque sorte çà et là, les membres d'une même famille. Le signal de l'*Angelus* est donné. Le berger, le vigneron, le chasseur, se rapprochent des toits fumants au son de la cloche du soir. C'est la voix du grand père de famille qui rassemble ses enfants disséminés. Oh ! que cette voix soit bénie par tout homme employé à des travaux pénibles ; bénie du laboureur, dont les sueurs ont arrosé la terre ; bénie du vigneron, qui a supporté le point du jour et de la chaleur ; bénie de l'esclave, qu'elle arrache à la glèbe. Le Père céleste est content ; il veut qu'on cesse le travail ; il appelle tout le monde à la table commune. Il veut qu'on se réjouisse à la veillée, car l'homme a le droit d'être heureux depuis *que le Verbe s'est fait chair*.

Voilà l'Angelus ! Mais c'est ici, à Nazaretz, dans la sainte et mystérieuse grotte, que l'on en comprend mieux la sublime simplicité. C'est ici que l'on courbe le front avec une plus douce émotion, quand la voix bénie qui se répand en ondes sonores sur nos têtes, résonne dans la chrétienté tout entière et met la grande famille aux pieds de Marie, pour lui dire avec l'archange : Je vous salue, Marie, mère de Dieu, de ce Dieu qui par amour s'est fait chair et a demeuré parmi nous.

Je vous salue, Marie ; telle sera notre dernière parole, en quittant Nazareth pour prendre la route du Carmel.

XV

SAINT-JEAN D'ACRE.

Le gros de la caravane est parti ce matin, de bonne heure, pour Séphoris, où le déjeuner les attend. Le blessé ne peut les suivre. Henri de Salaberry, Ferdinand de Divonne et Albert de Monteynard veulent bien rester avec moi ; nous installons Maxence de Vibraye sur un panneau à la fermière, et nous partons avec les bagages. En mettant le pied à l'étrier, nous voyons accourir un jeune Nazaréen, porteur de deux jolies sacoches pleines de provisions. La supérieure des Dames de Nazareth nous envoyait un déjeuner froid, délicatement préparé ; gâteaux, oranges, pigeons rôtis, vin vieux, rien ne manquait. Prévenance aimable, qui s'ajoutait à une foule d'autres ! Les premiers pas se firent sans peine. Au bout d'une demi-heure nous étions rassurés sur l'issue de notre expédition. Le malade ne se sentait guère à son aise ; mais sa fatigue n'était pas assez forte pour nous faire redouter un arrêt forcé.

A dix heures, nous ouvrons gaiement le sac aux provisions. Un bel arbre se rencontre à point nommé pour nous garantir des feux du jour ; et nous reprenons le sentier qui tient lieu de route royale.

Cette fois, le chemin n'est pas aisé ; mais, contre l'usage, ce ne sont plus les rochers ni les montagnes qui rendent la route laborieuse. Le torrent de Cisson s'est avisé d'inonder la plaine. L'eau n'est pas même à fleur de terre ; les moindres herbes surnagent, et nous nous imaginons avoir un chemin prosaïque à faire. Point du tout : nos chevaux enfoncent jusqu'au genoux dans le marécage si celui de Maxence allait buter, quelle mésaventure ! Heureusement, l'intelligent Schembri lui avait choisi une monture à tout épreuve. Nos chevaux barbottèrent vaillamment, glissant, tombant, s'enfonçant, mais se tirant toujours d'affaire. Aucun de nous ne fut obligé de prendre le bain d'eau bourbeuse, que nous redoutions. L'âne de notre moucre paya pour tous. Après mille efforts, découragé enfin, il se coucha dans la boue, et rien au monde ne put le forcer à se relever. Nous partîmes sans lui. Le moucre nous suivit à pied, avec une philosophie parfaite. Étonné d'abord de ce désintéressement, nous en comprîmes bientôt la portée. Maître aliboron s'obstinait : le moucre le traitait comme un enfant qui boude. Au bout d'une demi-heure, nous le voyons tout à coup retourner sur ses pas. L'âne inquiet du départ des chevaux, avait probablement fait ses réflexions. L'idée d'une triste mort dans le bourbier l'avait effrayé ; peut être la charité de son maître avait-elle ému son âme sensible. Il ne nous en a pas fait confidence. Bref, il se leva cette fois, sans se faire prier, suivit le moucre avec reconnaissance, et nous rejoignit, mais dans quel état de propreté !

Au bout de neuf heures de marche, nous faillîmes avoir à déplorer un accident plus grave que celui de M. de Vibraye. Le cheval du vicomte de Salaberry fit je ne sais quel faux pas, en gravissant le Carmel, et roula d'une manière effroyable, entraînant avec lui son cavalier. La chute fut si terrible que, lorsque Henri se releva, la crosse de son fusil suspendu à ses épaules, était littéralement broyée. La Providence épargna notre ami, et notre joie fut grande en voyant que le fusil seul avait du mal.

Pendant ce temps-là, les autres pèlerins avaient gagné Séphoris, patrie de saint Joachim. Ils visitèrent les restes des monuments juifs, romains, chrétiens, sarrasins qui marquent l'emplacement de l'ancienne Dio-Césarée. Des colonnes de granit semées parmi les arbres, et les ruines de l'église dédiée au père de la sainte Vierge, présentent un coup d'œil pittoresque. La destruction de Séphoris fut l'ouvrage de Saladin. Après la sanglante bataille de Tibériade, pour mieux attaquer

Ptolémaïs, le prince de Damas fit ravager les campagnes de Galilée ; Nazareth, Séphoris, Caïffa, Césarée furent mises à feu et à sang, les hommes faits prisonniers, les femmes et les enfants emmenés en esclavage. Le misérable village de Saphoureh végète à une demi-lieue plus loin. J'ignore si leur guide eut la présence d'esprit de faire remarquer à nos amis une fontaine dont l'eau jaillit à gros bouillons : c'était un rendez-vous célèbre, où les princes latins de Jérusalem avaient coutume de rassembler leurs vassaux quand le royaume était en péril. Là fut réunie l'armée la plus considérable qu'un successeur de Godefroid de Bouillon ait jamais mise sur pied, Hélas ! c'était pour la conduire à Hittin. Le caravane arrive une heure après nous. L'agent consulaire de France, résidant à Caïffa, était venu la recevoir à quelque distance avec ses cawas. Il l'accompagna jusqu'au couvent, et voulut bien partager le repas commun.

J'avais eu soin de me faire accompagner par mon derviche. Il visita le pied malade et le trouva en bon état. Je le remerciai et le laissai libre de fixer son salaire. Il nous avait rendu un éminent service ; je tenais à le bien récompenser. Il me demanda timidement de lui donner cinq francs pour payer son âne. — Et pour toi ? lui dis-je. — Pour moi, répondit-il, est-ce trop de demander vingt francs ? — Je lui en donnai quarante, Il s'en alla plus heureux que le roi Crésus. Maxence lui demanda son nom. Il s'appelait Cheik Kassem.

Pendant que nos compagnons visitent la sainte Montagne, je vais les abandonner quelque temps, pour conduire à Beyrouth le malade. Je reviendrai ensuite chanter avec les pèlerins le cantique d'action de grâces, devant l'autel de Marie. Accompagnés des comtes de Divonne, de Monteynard et de M. Grasset, nous descendons à Caïffa, où nous attend une chaloupe équipée à la turque.

Les Juifs habitaient Caïffa aux temps des Croisades. Lorsque Jérusalem fut tombée dans les mains de l'armée chétienne, on essaya de les en débusquer. Le siége fut marqué par de tristes discordes, Tancrède prétendait garder la ville, et Godefroid l'avait donnée d'avance à Guillaume Charpentier, vicomte de Melun. Le légat du Pape fut obligé d'intervenir. On trouva dans la place des trésors immenses. Tancrède, s'en empara de vive force, en chassant Guillaume de Melun.

Voici que nos allures vont se modifier. Plus de chevaux, ni de mauvais chemins. La mer va succéder pour nous à la terre. Le temps était beau, la mer calme, le vent favorable. Pourquoi cela ne dura-t-il pas toujours ? Les deux heures de notre traversée jusqu'à St-Jean d'Acre furent charmantes. A moitié chemin, nous passâmes devant l'embouchure du fleuve *Belus.* Belus ; dit Pline, *dont le lit étroit et resserré mêle à son sable des parties abondantes de verre.* Quel trésor ce fleuve procura au monde ! Le verre, découverte précieuse, qui éleva l'homme dans les cieux, rapprocha de son œil les points les plus reculés, lui donna de parcourir la vaste étendue des planètes et des astres, lui permit, comme à l'aigle, de fixer les rayons brûlants de la lumière; le verre, invention non moins utile, lorsque en nous garantissant des injures de l'air auprès du foyer, il nous livre à travers ses pores transparents tout l'éclat du jour sans l'altérer. Aussi l'historien Flavien appelle-t-il le Bélus *un fleuve digne d'admiration, autant par la vallée agréable qui l'entoure, que par le sable de ses bords.* Les Vénitiens avaient coutume de lester ici leurs vaisseaux avec ce sable précieux, et c'est à lui que nous devons les magnifiques glaces de Venise. Quant à nous, nous avons bien autre chose à faire qu'à ramasser du sable. Nos matelots se courbent sur leurs rames, et nous les excitons encore. La transperence du flot nous laisse apercevoir d'énormes tortues nageant entre deux eaux. Le souvenir du berceau d'Henri IV nous y fait prendre intérêt. Vainement, nous en attaquons plusieurs. Les balles de nos revolvers effleuraient à peine leur écaille ; impassibles et provocantes, elles bravaient les coups les plus violents

St-Jean d'Acre nous apparaît avec ses mosquées, ses minarets, ses dômes, ses palmiers élancés, ses tours, ses murailles et ses bastions.

Il y a je ne sais quoi d'enchanteur dans ces villes

d'Orient, aux maisons blanches et sans toit, semées de bouquets de verdure, et ceintes d'un mur crénelé dont le pied baigne dans une mer d'azur. Mais cela ne suffirait point à remuer notre âme, comme elle l'est en ce moment. Il faut les souvenirs de l'histoire et le tableau des grandes scènes héroïques de temps qui ne sont plus.

Des arabes viennent enlever notre blessé sur leurs épaules : d'autres se chargent de nos bagages ; et nous nous dirigeons vers le couvent de St-François-où nous comptons demander une très-courte hospitalité. Notre intention est de nous rembarquer ce soir, pour gagner Sidon pendant la nuit.

Au temps de la domination égyptienne, St-Jean d'Acre s'appelait *Ptolémaïs*, du nom des Ptolémée ses maîtres. Plus tard, elle fut soumise aux Romains, puis aux Arabes, et revint à l'Égypte. En 1104, les Croisés s'en emparèrent. Quatre vingt-trois ans après, elle tomba au pouvoir de Saladin ; mais, en 1191, Philippe-Auguste et Richard-Cœur-de-Lion la reprirent. Alors les chevaliers de St-Jean s'y établirent et lui donnèrent le nom qu'elle a conservé depuis. S. Louis y débarqua et en fit relever les murs. Enfin, en 1291, le sultan d'Égypte la conquit sur les chrétiens ; plus tard, les Turcs l'enlevèrent aux Égyptiens, et, en 1799, Bonaparte et son armée, que quarante siècles étonnés avaient contemplée du haut des pyramides, vinrent échouer devant *cette bicoque, dans laquelle,* disait-il, *était le sort de l'Orient.*

Le siége de Ptolémaïs, commencé en 1189, est resté célèbre dans les annales des sièges. Je me rappelle en avoir lu bien souvent la relation sous les murs de Sébastopol, et le souvenir m'en revint plein d'actualités, lorsque je me trouvai au pied des fortifications de cette ville.

Guy de Lusignan, que la bataille de Tibériade avait livré aux Sarrazins, était sorti de captivité et voulait commencer l'attaque. Les Français, les Anglais, les Allemands, les Vénitiens, les Lombards, les Syriens, les Danois, les Pisans, les Frisons, les Hospitaliers et les Templiers, prirent part à cette guerre, dit M. Michaud. Les archevêques de Ravennes, de Pise, de Cantorbéry, de Besançon, de Nazareth, de Mont-Réal, les évêques de Beauvais, de Salisbury, de Cambrai, de Ptolémaïs, de Bethléem, s'étaient revêtus du casque et de la cuirasse et conduisaient les guerriers de Jésus-Christ.

La description des camps est curieuse. Ibn-Alatir. médecin dans l'armée musulmane, dépeint ainsi celui de Saladin : « Au milieu du camp était une vaste place, contenant jusqu'à cent quarante loges de maréchaux-ferrants ; on peut juger du reste à proportion. Dans une seule cuisine étaient vingt-neuf marmites pouvant contenir une brebis entière. Je fis moi-même l'énumération des boutiques enregistrées chez l'inspecteur des marchés ; j'en comptai jusqu'à sept mille. Notez que ce n'étaient pas des boutiques comme nos boutiques de ville ; une de celles du camp en eût fait cent des nôtres. Toutes étaient bien approvisionnées. J'ai ouï dire que, lorsque Saladin changea de camp pour aller à Karouba, bien que la distance fût assez courte, il en coûta à un seul vendeur de beurre soixante-dix pièces d'or pour le transport de son magasin. Quant aux marchés de vieux habits et d'habits neufs, c'est une chose qui passe l'imagination. On comptait dans le camp plus de mille bains ; la plupart étaient tenus par des hommes d'Afrique ; ordinairement ils se mettaient deux ou trois ensemble. On trouvait l'eau à deux coudées de profondeur. La piscine était d'argile ; on l'entourait d'une palissade et de nattes pour que les baigneurs ne fussent pas vus du public. Le bois était tiré des jardins des environs. Il en coûtait une pièce d'argent ou un peu plus pour se baigner

La même chose se voyait dans le camp des chrétiens. On y exerçait tous les arts mécaniques. On s'y était construit de petites maisons de bois et de pierres, cimentés avec de la boue. Un prêtre, venu de l'Angleterre, y avait élevé une église pour les morts, et il y bénit les restes de plus de cent mille victimes.

Ce fut là que l'ordre Teutonique prit son origine, inspirée par la charité qui s'émeut toujours à la vue de la souffrance. Quarante seigneurs de Lubeck et de Brême en posèrent les bases. Touchés de la misère des soldats de leur nation, ils construisirent de modestes abris avec les voiles de leurs navires et en firent une sorte d'hôpital. Cette charité noblement exercée porta de bons fruits, et ceux qui s'y étaient dévoués ne purent, lorsque le mal eut disparu, se résoudre à cesser de consoler le malheur ; ils cherchèrent de nouvelles misères à soulager et finirent par consacrer leur vie tout entière aux actes d'une sublime bienfaisance

Ce fut aussi pendant le siége de Ptolémaïs qu'un homme de Damas trouva le moyen de donner au célèbre feu grégeois une force de plus en plus dévorante. Jusque là, l'argile et le vinaigre paralysaient l'action de ce terrible engin ; le damasquin chercha à neutraliser cette résistance. Un jour, il se présenta devant l'émir Karakousch, gouverneur de la ville, et lui dit : Ordonnez au chef des machines de faire ce que je lui dirai : en lançant contre les tours ce que je lui ordonnerai de jeter, il les mettra en feu. D'abord mal accueillie, sa proposition fut bientôt prise au sérieux, et l'émir donna les ordres demandés. Les tours fameuses dont il est ici question étaient ici d'immenses constructions en bois, à plusieurs étages, supportées par de fortes roues. Des guerriers nombreux s'y plaçaient tout armés et on les roulait contre les murs de la ville. Une fois à portée, ils jetaient du sommet de la tour un pont-levis qui atteignait les murailles. Alors entre les assaillants et les assiégés s'engageait une lutte corps-à-corps qui se terminait souvent par la prise de la ville. « Au siége de Ptolémaïs, les tours des Croisés, dit un témoin oculaire, paraissaient de loin comme de hautes montagnes ; chacune pouvait contenir plus de cinq cents guerriers : le dessus était disposé en plate-forme et pouvait recevoir des pierriers.

A l'aspect de ces tours, les cœurs musulmans éprouvèrent une tristesse impossible à décrire. Ce fut alors que l'homme de Damas jeta sa préparation sur les tours ; elles prirent feu aussitôt, et elles ressemblaient à des montagnes de flammes. Les musulmans en éprouvèrent une telle joie qu'ils pensèrent en devenir fous. »

La prise de Ptolémaïs amena la dispute fameuse qui immortalisa le nom de Blondel. Le duc d'Autriche, après avoir fait des prodiges de valeur, crut pouvoir planter son drapeau sur une des tours à côté de celui du roi d'Angleterre : mais Richard furieux le fit arracher et jeter dans le fossé. La vengeance était impossible, parce que les lois ecclésiastiques interdisaient toute lutte entre les Croisés, Léopold dissimula donc sa colère et attendit. Bientôt une tempête servit les intérêts de sa fureur. Après la campagne, Richard, poussé sur les côtes de l'Adriatiqne, vint faire naufrage du côté de Trieste et chercha à regagner l'Angleterre en traversant l'Autriche incognito. Mais il fut reconnu et enfermé dans un château fort, sous le plus grand secret, de sorte que l'Europe ignora le lieu de sa captivité mystérieuse. Alors un ami dévoué se mit à parcourir le monde, s'arrêtant au pied de chaque citadelle et du moindre donjon, chantant une chanson bien connue du roi d'Angleterre. Une telle persévérance méritait le succès. Un jour, derrière les barreaux de fer, une voix qu'il reconnut bien répondit à la sienne et chanta le second couplet de sa romance. Il retourna aussitôt en Angleterre, révéla le lieu de la détention de son souverain, et rendit Richard à la liberté.

Saint-Jean d'Acre fut le dernier asile des chrétiens au moment de la chute du royaume de Jérusalem. Cette ville était devenue riche et puissante sous la domination des Croisés. Ainsi, à mesure que les musulmans étendaient leurs conquêtes, les chrétiens, chassés de leurs possessions, y cherchaient tout naturellement un asile. Un jour vint où les débris du royaume latin se trouvèrent réunis dans ses murs. Alors les Sarrazins entreprirent de les écraser sous un dernier effort, et mirent le siége devant la ville, La lutte fut affreuse et sublime. Si le cœur est péniblement ému par le récit des dissensions de l'armée de la Croix, il se relève à la vue des mille actes d'un dévouement héroïque. Quand on lit cette histoire tragique, on croit voir un arbre majestueux battu par la tempête, et résistant à l'orage dont chaque coup semble doubler ses forces. Le vent mugit, la foudre éclate et tombe ; lui, impassible, courbe un moment le front et le relève aussitôt. Ses branches brisées une à une jonchent le sol épuisées par la lutte, mais le tronc reste et défie la fureur des éléments. La terre est impuissante contre lui, il faut que le feu parte au ciel pour l'abattre et le coucher à terre,

L'ennemi avait pénétré dans la place par une brêche faite aux murailles. Guillaume de Clermont maréchal des Hospitaliers, juge froidement le danger ; il rallie ses soldats, repousse ceux qui se croyaient les vainqueurs, les renverse et les jette hors de l'enceinte. Il eût sauvé la ville, si son cheval ne fût tombé de lassitude et ne l'eût exposé sans défense à la fureur brutale des musulmans.

Nicolas, patriarche de Jérusalem est partout où il y a un danger à affronter, une misère à consoler une âme à sauver. Enveloppé par le tourbillon ennemi, il est pris et placé sur un bateau. Ne voulant pas se sauver seul, il arrête le navire et appelle les débris de son malheureux troupeau à partager son asile. Les chrétiens s'y précipitent en foule, Le bateau, trop chargé, s'abîme dans les flots, et le saint évêque disparaît au moment où il bénit ses enfants.

La ville est prise, et cependant les Templiers résistent encore dans leur château. Une capitulation devient nécessaire. On la conclut ; mais les trois cents hommes envoyés par le sultan pour l'exécution du traité, se livrent à des abominations sur les chrétiennes. Alors les Templiers outragés reprennent les armes et chassent les infidèles. L'ennemi furieux revient à la charge : il croit triompher : déjà il brise les portes et menace d'entrer ; mais au même instant les chevaliers mettent le feu aux mines, et le château s'écroule, engloutissant à la fois les vainqueurs et les vaincus.

Pendant ce temps, l'abbesse du monastère de Ste-Claire réunissait ses religieuses et les exhortait ainsi : « Mes filles, nous avons à choisir aujourd'hui entre le déshonneur et la mort. Rappelons-nous que nous avons consacré notre virginité au Seigneur. Si vous m'en croyez, vous prendrez le seul moyen de résister aux passions brutales des musulmans. Suivez mon exemple et sacrifiez votre beauté. » A ces mots, elle saisit un rasoir et se coupe le nez jusqu'à la racine. Les religieuses l'imitent ; puis, on ouvre les portes, et les Sarrazins, dégoûtés par ces visages sanglants, donnent la mort à ces martyres de la virginité.

C'était noblement finir, et puisque le royaume de Jérusalem devait tomber, il lui fallait cette fin triomphale.

On estime à vingt mille âmes la population de St-Jean d'Acre. Depuis que son port a été comblé, cette ville a perdu beaucoup de son importance. Caïffa lui fait une dangereuse concurrence. Elle a cessé d'être la résidence d'un pacha. Parmi les chrétiens, les Grecs sont en majorité. Ils y ont un évêque fort jeune et très-estimable. Hélas ! combien il y aurait à faire pour donner à ces chrétiens l'instruction dont ils sont absolument privés. « Un grec me dit un jour, raconte un ancien missionnaire, qu'on pouvait faire pénitence après la mort. Et comme je témoignais ma surprise : N'est-il pas vrai, reprit-il, qu'aussitôt que Judas eut vendu Jésus-Christ, il alla se pendre ? — Cela est vrai, lui répondis-je, — Et pourquoi le fit-il ? C'est que, persuadé que, s'il se trouvait dans les limbes lorsque Jésus-Christ y descendrait, il lui demanderait pardon, l'obtiendrait, et monterait au ciel. Ce n'est pas tout, ajouta le pauvre ignorant ; Jésus-Christ, qui ne voulait pas lui pardonner, permit que la branche de l'arbre penchât jusqu'à terre de manière que Judas ne pouvait être étranglé ; et il demeura en cet état jusqu'après la résurrection du Sauveur, Alors la branche se redressa et il mourut. » La science n'a pas fait plus de progrès depuis le vieux missionnaire. Sur cent chrétiens, quatre-vingt-dix-neuf seraient capables de nous dire encore aujourd'hui des inepties de ce genre. Il serait très-important de pouvoir ouvrir à Saint-Jean d'Acre une école sérieuse pour la génération qui se prépare.

Comme je l'ai dit, nous devions nous rembarquer à neuf heures du soir. Pendant que nous nous disposions, on vint nous dire que le temps était trop mauvais pour mettre à la voile. Vivement contrariés, nous montâmes sur la terrasse, afin de nous assurer que nous n'étions pas victimes de la mauvaise volonté. Hélas ! il n'était que trop vrai. Des nuages épais, amoncelés à l'horizon, montaient dans le ciel et enveloppaient la ville d'une teinte livide; le vent fraichissait, et la mer commençait à se soulever ; je ne sais quoi de sinistre pesait sur la terre. On nous assura que les meilleurs matelots n'oseraient braver la tempête ; force nous fut de céder

Le lendemain matin, la mer restait implacable. Nous passâmes la journée, moitié auprès du lit du blessé, moitié à visiter la ville, et en particulier la belle mosquée qui fut autrefois l'église des chevaliers de Saint-Jean et que le temps aura bientôt détruite. Le soir, même impossibilité de partir ; il fallut demander à nos hôtes une prolongation de leur bienveillante hospitalité.

XVI

TYR ET SIDON

Le lundi sur les quatre heures du matin, le chef de nos matelots, pompeusement décoré du titre de capitaine, vint nous prier de descendre promptement au rivage. La mer était moins mauvaise, disait-il ; il fallait profiter de cette apparence de beau temps pour gagner Sidon. Autrement, nous courrions le risque d'attendre indéfiniment le retour d'un moment favorable.

Deux Arabes sont là prêts à transporter le blessé. Deux autres les suivent pour les remplacer lorsque le fardeau deviendra trop lourd. Nous nous confions à eux et nous partons.

La houle était si forte que la barque se tenait à distance, loin des récifs. Les Arabes se dépouillèrent, et nous montâmes sur leurs épaules nues pour traverser les endroits périlleux. Ces hommes avaient de l'eau jusqu'à la ceinture ; à peine pouvions-nous préserver nos chaussures du contact de la mer. Cependant nous arrivâmes sans accident.

Alors commença une manœuvre incroyable pour démarrer, mettre à la voile, doubler la pointe de Saint-Jean d'Acre, et nous lancer en pleine mer. Mais la Providence veillait sur nous, et nous préserva de tout mal, car nos marins étaient d'une ineptie effrayante en face de la fureur des vagues. Si leur bateau eût été chargé de marchandises précieuses, peut-être l'eussent-ils gouverné avec plus de soins. Mais quels égards méritions-nous à leurs yeux ? Pendant toute la traversée, nous fûmes si durement ballottés que M. Grasset, qui avait fait le tour du monde et navigué sur toute espèce de navire, ne put échapper cette fois au mal de mer qu'il n'avait jamais ressenti.

Vers le midi, nous étions en face de Tyr

« Tyr, tu as dit dans ton cœur: Je suis éclatante de beauté, et située au milieu des mers (comme une reine sublime) ;

« Les peuples voisins qui ont élevé tes murs se sont plus à t'embellir;

« Tes vaisseaux sont construits avec des sapins de Sanir; les cèdres du Liban ont formé tes mâts ! les chênes de Basan, tes rames ; tes matelots se reposent sur le buis de Chypre, orné d'ivoire ; et tes demeures sont construites avec le bois des îles de l'Italie;

« Le lin de l'Égypte a tissé tes voiles et tes pavillons; tes vêtements sont teints de l'hyacinthe et de la pourpre de l'Hellespont ;

» Les habitants d'Arouad et de Sidon ont été tes rameurs ; tes sages, ô Tyr, sont devenus tes pilotes ;

« Djéhal t'a donné ses nautonniers ; tous les vaisseaux de la mer et leurs matelots servent à ton commerce ;

« Tes guerriers sont le Perse, le Lybien, et l'Égyptien ; ils ont suspendu à tes murailles leurs cuirasses et leurs boucliers pour te servir d'ornement ;

« Les enfants d'Arouad bordent tes murs, et les Démédéens gardent tes tours, où brillent leurs carquois ;

« Toutes les contrées de la terre s'empressent de relever l'éclat qui t'environne ;

« Tarsis remplit tes marchés d'argent, de fer, d'étain et de plomb ;

« L'Ionie, Thubal, et Mosoch t'amènent des esclaves et des vases d'airain ;

« L'Arménie t'envoie des mules, des chevaux et des cavaliers ;

« L'Arabe de Dédan transporte tes marchandises ;

« Des îles nombreuses échangent avec toi l'ivoire et l'ébène ;

« L'Araméen reçoit les ouvrages de tes mains, et te donne le rubis, la pourpre, les tapis, le lin, le corail et le jaspe ;

« Juda et Israël t'apportent le froment, le baume, la myrrhe, le miel, la résine, l'huile ;

« Et Damas, en échange de tes nombreux ouvrages, le vin de Kelboun et ses toisons éblouissantes ;

« Dan, Javan, et Menzal ont vendu dans tes marchés le fer poli, la canelle, le roseau aromatique ;

« Et Dédan, les riches tapis ;

« Les habitants du désert et les princes de Cédar t'offrent, en échange de tes marchandises, leurs agneaux et leurs chevreaux ;

« Les Arabes de l'Yémen t'enrichissent de leurs aromates, de leurs pierres précieuses et de leur or ;

« Les habitants de Haroun, de Kané, et de l'Éden, qui trafiquent pour l'arabe de Chéba, étalent sur tes places les voiles, les manteaux précieux, l'argent, les mâts, les cordages et les cèdres ;

« Les vaisseaux de Tarsis servent à tes courses en mer ; tu as été comblée de gloire et richesse ;

« O Tyr, tes navigateurs ont touché à tous les bords ;……

« Tu habitais dans Éden, dans le jardin des délices du Seigneur ; les pierres précieuses formaient ton vêtement ; le rubis, la topaze, le jaspe, la chrysolite, l'onyx, le béryl, le saphyr, l'escarboucle, l'émeraude, l'or brillaient sur toi ; et les lyres et les tambours furent préparés pour le jour de ta naissance ;

« Semblable au chérubin qui couvre le propitiatoire de ses ailes, tu étais établi sur la montagne sainte du Seigneur ; et tu marchais au milieu des pierres éblouissantes. »

Ainsi parlait le Seigneur lui-même au temps de la prospérité des Tyriens.

La splendide cité des temps anciens nous apparut comme une reine déchue, que ses maîtres ont réduite à la plus vile condition des esclaves. Les Turcs lui ont ôté jusqu'à son nom et l'appellent Sour. Les vaisseaux des nations ne viennent plus apporter les richesses du monde dans son port désert. Ses rois, qui marchaient à l'égal du Salomon le Magnifique, ont été renversés à jamais. Au lieu de sa population opulente et si nombreuse, elle voit errer dans ses tristes rues un millier de Turcs, huit cents Grecs-Unis, deux cents Maronites, et une vingtaine de Grecs schismatiques.

Elle eut, nous l'avons dit, ses jours de gloire, où les nations la regardaient comme la plus florissante des capitales. Reine de la mer, centre du commerce, devenue nécessaire et redoutable à tous les peuples, traitant en souveraine altière les autres nations, elle jeta un éclat si grand que le prophète, voulant annoncer par avance comment le Christ serait connu un jour et respecté de toutes les nations, personnifiait la puissance du monde entier dans les Tyriennes, lorsqu'il disait : « Les filles de Tyr viendront aussi vous rendre hommages avec leurs présents ».

Mais cette grandeur même devait rendre plus

éclatante la manisfestation des justices éternelles.

La mauvaise conduite de ses habitants irrita le ciel, et Dieu résolut d'humilier la cité coupable.

Ézéchiel fut le prophète choisi pour annoncer cet effroyable châtiment.

« Voici ce que dit le Seigneur Dieu, s'écrie-t-il.
« Voilà que je viens pour toi, ô Tyr ! Et je ferai
« monter contre toi plusieurs peuples, comme
« monte la mer aves ses flots. Et ils détruiront les
« murs de Tyr, et ils abattront ses tours ; j'en râcle-
« rai jusqu'à la poussière, et je la rendrai comme
« une pierre luisante et sèche...... J'amènerai, du
« septentrion à Tyr, Nabuchodonosor, roi de Ba-
« bylone, le roi des rois ; je l'amènerai avec des
« chevaux, des chariots de guerre, de la cavalerie et
« de grandes troupes, et un peuple nombreux. Il
« tuera par le fer les filles qui sont dans tes champs ;
« il t'environnera de forts et de retranchements, et il
« lèvera le bouclier contre toi...... La multitude de
« ses chevaux te couvrira de poussière ; le bruit de
« sa cavalerie et des roues de ses chariots ébran-
« lera tes murs, lorsqu'il entrera dans tes portes
« comme dans une ville ruinée. Le pavé de tes rues
« sera foulé au pieds de ses chevaux ; ton peuple
« sera immolé par le glaive ; tes nobles statues
« seront renversées. Ils dévasteront tes richesses ;
« ils pilleront tes marchandises ; ils renverseront

« tes murailles ; ils ruineront tes maisons magni-
« fiques ; et ils jetteront au milieu des eaux tes
« marbres, tes bois, et jusqu'à ta poussière. Je fe-
« rai cesser tous tes concerts ; on n'entendra plus
« que le son de tes harpes.

« Voici ce que dit encore le Seigneur : Les îles ne
« trembleront-elles pas au bruit de ta chute, et des
« gémissements de ceux qui seront tués au milieu
« de tes murs ? Tous les princes de la mer descen-
« dront de leur trône ; ils quitteront leurs habille-
« ments d'honneur, et seront couverts de stupeur
« comme d'un vêtement, et s'assieront à terre, frap-
« pés d'un profond étonnement de ta chute soudaine.
« Et se lamentant sur toi, ils diront : Comment
« as-tu péri, toi qui habitais dans la mer, ville su-
« perbe, toi qui étais si forte au milieu des eaux,
« avec tes habitants que redoutait tout l'uni-
« vers ? »

Comme le prophète l'avait prédit, Nabuchodonosor assiégea la ville de Tyr ; il s'en empara et
l'anéantit. Un temple d'Hercule s'élevait à quelque distance, au milieu d'une île. Le vainqueur
fit jeter dans la mer tous les débris de la cité vaincue ; et il y en eut tellement, que l'île se trouva tout
à coup réunie à la terre ferme. Après ce malheur,
les Tyriens essayèrent de relever leurs murs. Isaïe
avait prédit cette circonstance, quand il avait dit :

« Après soixante-et-dix, on chantera à Tyr des
chants comme à une courtisane...... et Jéhovah

visitera Tyr ; et elle retournera à son gain honteux, et elle se prostituera à tous les royaumes qui sont sur la surface de la terre ».

En effet, la richesse et la gloire revinrent dans la seconde Tyr. Mais l'orgueil et la dissolution les accompagnèrent encore. Et la colère de Dieu s'alluma de nouveau. Les Tyriens s'étaient crus inexpugnables. Au lieu d'asseoir leurs maisons sur la terre ferme, il les avaient transportées dans l'île, et ils avaient déblayé le bras de mer comblé par Nabuchodonosor. Tout à coup, le roi de Macédoine, Alexandre le Grand, chargé de l'exécution de la justice divine, se présenta devant Tyr. Après sept mois d'héroïques efforts, il s'en rendit maître, renversa ses murailles, mit à mort ses habitants et fit crucifier sur les bords de la mer deux mille hommes que les cohortes macédonniennes, lasses de carnage, avaient négligé de tuer.

Une troisième fois, Tyr ranima son feu presque éteint sous les cendres, revint à la fortune et à la gloire, et périt encore sous les coups d'un nouvel instrument de la colère de Dieu, appelé Niger.

Tant de leçons profitèrent enfin aux malheureux Tyriens. La parole du Messie ne tomba pas inutilement parmi eux. Le Christianisme y fit de nombreux prosélytes dès les temps apostoliques. La persécution de Dioclétien y trouva des âmes fortes et admirablement disposées au martyre. On y fonda un archevêché, duquel relevaient quatorze évêchés

Les archevêques de Tyr figurèrent avec honneur aux conciles de Césarée, de Nicée, de Constantinople et de Chalcédoine.

Malheureusement, l'erreur aussi voulut y avoir sa place, et Tyr vit réunis dans ses murs, les évêques ariens, persécuteurs de saint Athanase.

Ensuite vinrent les Sarrasins, qui détruisirent en 636, l'édifice chrétien. Les Croisades le relevèrent pour un temps, et à la suite du siège mémorable de 1124, le doge de Venise et le comte de Tripoli rétablirent le culte de la croix. Tyr redevint un archevêché, et le célèbre Guillaume, l'un de ses prélats, a laissé un nom immortel.

Depuis 1291, le croissant y domine seul, et avec lui règne la désolation. Le voyageur cherche en vain les vestiges de la gloire et de la richesse de Tyr dans la population de Sour. En vain lui demande-t-il le secret de sa pourpre que revêtaient les empereurs, et dont la livre se vendaient jusqu'à mille deniers, au rapport de Pline. Si le Seigneur lui-même ne construit pas une ville, les hommes chercheront inutilement à la fortifier. Le vent et la pluie viennent et renversent l'édifice bâti sur le sable.

Dans ces dernières années, la population chrétienne de Tyr se conduisit mal, à propos du calendrier. Elle se révolta contre le patriarche, et expulsa son archevêque. A peine si les événements de 1860 suffirent à ouvrir les yeux de ces aveugles. L'influence anglaise pèse de tout son poids dans la balance des intérêts de cette population cupide et entêtée. On essaye aujourd'hui d'y ouvrir une école catholique, afin de préparer une meilleure génération pour les temps prochains. En présence des maux du présent, tous les efforts doivent tendre vers l'avenir.

De Tyr à Saïda, lorsque le vent est favorable, il n'y a pas plus de quatre heures.

Rien ne nous retenait sur le théâtre désolé d'une ville dont les anciennes splendeurs ne se projettent plus que dans l'histoire. Nous deployâmes notre petite voile et nos mariniers firent force de rames vers Saïda.

Saïda, dont les colonies puissantes fondèrent Tyr et Carthage, étendait au loin son commerce dès les temps les plus reculés. Les nations trouvaient en elle la source de la vie matérielle ; les rois lui demandaient son alliance.

Sidon la fonda et lui donna son nom. Sidon était fils de Chanaan, et touchait à Noë par Cham, son grand père.

Outre l'invention de la navigation et de l'écriture alphabétique, on attribue à Sidon la découverte du verre, de la menuiserie, de la taille des pierres, et de la sculpture du bois.

Saïda devint la capitale de la Phénicie et entra dans le partage de la tribu d'Azer ; Josué, du moins l'avait assignée à cette tribu, qui ne la posséda jamais. Malheureusement, ses habitants héritèrent des vices de Cham le Maudit. Enorgueillis de leur prospérité, ils comptèrent sur leurs propres forces et s'isolèrent de Dieu. Ils se créèrent des divinités immondes dont le livre des Juges a conservé la triste mémoire. Dieu maudit à son tour les enfants de celui qui avait encouru l'anathème paternel, et un jour, sa justice, près d'éclater, annonça ses projets de vengeance dans cette parole adressée au prophète Ézéchiel :

« Fils de l'homme, tournez votre visage vers Sidon, et prophétisez contre cette ville : Voilà que je viens à vous, ô Sidon..... Et vos habitants sauront que je suis le Seigneur, lorsque j'aurai exercé mes jugements sur eux ;..... car j'enverrai la peste dans Sidon ; et le sang coulera dans ses rues ; et ses enfants tomberont de tous côtés ; et Sidon ne sera plus à la maison d'Israël un sujet de chute, ni une épine qui blesse ».

Or, le châtiment de Dieu devait être si terrible, que Jérémie lui-même en est épouvanté : « O épée du Seigneur, s'écrie-t-il, ne te reposeras-tu pas ? »

Les rois d'Assyrie et Alexandre le Grand furent, dans la suite des âges, les instruments de la vengeance du Seigneur irrité contre Sidon.

Au temps des apôtres, cette ville fut visitée par saint Paul. A l'époque des Croisades, Baudoin, roi de Jérusalem, la prit après un siége de six semaines. La capitulation conclue avec les assiégés donnait aux vaincus le droit de s'en aller avec tout ce qu'ils pourraient emporter sur leur tête et leurs épaules. Quelques-uns en profitèrent, mais le plus grand nombre préféra vivre sous l'étendard de la croix. Saint Louis fit réparer les murs de Sidon ; et l'entoura de fortifications. C'est dans une course aux environs que le saint roi, surpris par les Sarrasins, fallit tomber entre leurs mains. Deux mille chrétiens s'élancèrent à son secours et payèrent leur dévouement de leur vie. Le roi, touché de compassion voulut travailler lui-même à l'ensevelissement de ces morts généreux. Le premier, il releva un cadavre et l'inhuma en disant ; Enterrons les martyrs de Jésus Christ ! Tous les guerriers suivirent son exemple, et, au bout de cinq jours, le pieux devoir fut accompli.

A cette époque, Sidon gardait encore un reflet de son ancienne splendeur. « Vous eussiez vu là, dit un chroniqueur allemand, des maisons de pierres et de bois de cèdre ». L'empereur Henri, écrivant au roi d'Angleterre, rendait ce témoignage ; « On nous a restitué Sidon avec la plaine et ses dépendances. Cette ville doit être d'autant plus utile aux chrétiens, que, jusqu'à présent, elle a été considérée par les Sarrasins comme une des plus riches de la contrée, car elle est l'entrepôt et le lieu de communication entre Damas et Babylone ».

Sous la domination des Croisés, Sidon aurait pu échapper à une complète décadence ; mais, en 1289, elle vit les chrétiens se retirer pour la dernière fois devant l'épée des Sarrasins, et sa principauté chrétienne, fondée en faveur d'Eustache Grenier, s'abîma sans retour après cent dix-huit années d'existence.

Depuis lors, la prospérité de Saïda ne fit que décliner. Falker-el-Din, le fameux émir druse, essaya, mais vainement, d'en arrêter la chute en y fixant sa résidence, en la décorant de palais magnifiques ; le jour où il combla son port pour le fermer aux galères du sultan, il porta le dernier coup à la malheureuse cité qui, depuis, ne peut plus aspirer à des temps meilleurs.

Dans le siècle dernier, Sidon était encore le siége d'un pacha et la résidence d'un consul français ; le farouche Djezzar la dépouilla de sa prérogative en faveur de Saint-Jean d'Acre, et consomma ainsi la ruine des établissements commerciaux de la France à Sidon. Les vaisseaux, qui venaient lui demander de la soie, des cotons, des laines, et mille autres productions utiles, semblent avoir oublié la route qui les conduisait vers la reine des mers. Le commerce de Saïda est réduit à quelques exportations de tabac à fumer, de coton, d'oranges et de citrons ; encore les barques étroites des pêcheurs suffisent-elles à recevoir ces chargements en destination pour l'Èypte. Les vapeurs français, anglais, autrichiens, qui sillonnent la Méditerranée, passent et repassent devant elle sans lui rien apporter, sans lui rien demander. A peine s'ils lui accordent un regard de curiosité ou de compassion. Jaffa, Beryouh, Tripoli, Lata-Kid, sont les seuls ports qui les attirent. Beyrouth surtout, en devenant sous le gouvernement de Méhémet-Ali le siége du pachalick, en même temps que la résidence des consuls généraux de France, d'Angleterre, et de Russie, en se subsistuant à Sidon comme port de Damas et des autres villes de l'intérieur qui communiquent par elle avec l'Europe, l'Afrique et l'Amérique, a gagné en importance tout ce qu'a perdu Sidon. En peu d'années elle a vu doubler sa population. Elle compte aujourd'hui soixante mille âmes, tandis que Saïda est descendu au chiffre de treize mille cinq cents, si tant est que le dernier recensement ne soit point exagéré.

Telle est Saïda, où les Pères de la nouvelle mission de la Compagnie de Jésus, essayèrent de fonder une résidence en 1855

Gracieusement assise sur le bord de la mer, au milieu de jardins parfumés, elle offre à l'intérieur le spectacle de la plus dégradante misère. Ses rues sales et étroites, ses cloaques infects, ses monuments publics ruinés, sa population en guenilles, forment un contraste repoussant avec le souvenir de son ancienne splendeur. Elle contient deux mille musulmans et deux mille six cents chrétiens, qui se subdivisent eux-mêmes en latins, en maronites, en grecs-unis, en schismatiques, et en protestants. Deux châteaux forts y redisent encore aujourd'hui le passage des Croisés. L'un est sur le bord de la mer, d'ou il tire son nom ; l'autre domine la cité, du haut du monticule sur lequel elle repose. Les Européens l'appellent le château de Saint-Louis, les Arabes le nomment le château du Glorieux.

Comme les anciens jésuites, les Pères de la nouvelle compagnie furent attirés à Saïda par un puissant motif de dévotion. Notre-Seigneur vint sur les confins de Tyr et de Sidon. Ce fut le seul endroit, livré au paganisme, où il voulut prêcher l'Évangile, opérer des miracles. Il témoigna pour les deux principales villes de la Phénicie une compassion particulière, lorsqu'il s'écria : « Malheur à toi, Corozaïn ! malheur à toi, Bet-Saïda ! car si Tyr et Sidon eussent été favorisées par les grâces qui vous ont prévenues, elles eussent fait pénitence dans la cendre et sous le cilice « ; elles eussent infailliblement obtenu leur pardon. Un lieu célèbre rappelle, à une petite distance de Sidon, la présence du Sauveur. On n'y trouve plus qu'un amas de ruines, mais son vieux nom de Sarebta-Sydoniorum évoque deux souvenirs touchants de la Bible.

En ce temps-là, le prophète Élie, fuyant la vengeance d'un roi impie, s'était enfoncé dans le désert et vivait au bord du torrent de Karite, où un corbeau mystérieux lui apportait régulièrement le pain de chaque jour. Or, il reçut de Dieu l'ordre d'aller à Sarebta, et, obéissant au Seigneur, il s'y rendit. Arrivé près de la porte de la ville, il trouva une pauvre veuve occupée à ramasser les branches mortes qni étaient tombées des arbres ; Il lui demanda à manger, et la pauvre femme lui donna une bouchée de pain avec de l'eau de la fontaine, et en même temps lui racohta qu'elle ne possédait plus rien qu'un peu de farine et un peu d'huile dont elle allait faire un gâteau pour elle et son fils, et qu'après ils mourraient tous les deux. Touché de la générosité de la mendiante, le prophète bénit la farine et l'huile, les multiplia, et lui et ses hôtes vécurent ainsi quelque temps. Un jour, le fils de la veuve mourut. La mère désolée se plaignit au prophète qui cria vers Dieu ; et Dieu, touché de la prière de la veuve et de celle du prophète, renvoya l'âme de l'enfant dans son corps et le ressuscita. Alors le prophète joyeux présenta l'enfant à sa mère, en disant : Voilà votre fils, il est vivant ! — C'est ainsi que Dieu récompense la plus humble charité.

A un quart de lieu de Sarebta, la tradition raconte une histoire plus touchante encore. Jésus passait, entouré d'une foule nombreuse qui le suivait. Une femme, égarée par la douleur, se prosterne sur le chemin et s'écrie : Jésus, fils de David, ayez pitié de moi ! Voilà que ma fille est horriblement tourmentée par une influence maligne. Ayez pitié d'elle ayez pitié de sa mère qui se jette à vos genoux. — Mais le Sauveur ne paraît pas s'émouvoir à cette prière : Femme, dit-il, je n'ai rien à faire pour vous

— Cependant la foi de cette mère infortunée triomphe du cœur du bon Maître. — C'est vrai, dit-elle, je n'ai point mérité de participer au banquet des enfants d'Israël, je suis une infidèle ; mais les chiens n'ont-ils pas la permission de manger les miettes qui tombent de la table du maître ? — Et elle reprend, les mains jointes et les yeux remplis de larmes : Jésus, fils de David, ayez pitié de moi ! — Et le Seigneur ému s'écrie : O femme, votre foi est grande ! Qu'il vous soit fait selon que vous le désirez ! — Et la fille fut guérie à l'instant.

Au temps du royaume de Jérusalem. Sarebta fut un siège épiscopal suffragant de Tyr ; elle avait été conquise par Tancrède. Aujourd'hui il en reste à peine des ruines.

Ces beaux souvenirs excitèrent le zèle des anciens jésuites, et leur firent désirer longtemps le bonheur d'avoir une résidence à Saïda. L'occasion s'offrit enfin, et leur réputation de dévouement leur ouvrit un jour la porte jusque-là constamment fermée. Mgr Mislin raconte ainsi cet événement :

« La peste ayant éclaté à Saïda dans le siècle der-
« nier, les négociants français, qui alors y étaient
« fort nombreux, en furent les premiers atteints. Ce
« fléau de Dieu, dit la relation, les fit penser à
« leur salut. La disette où ils étaient des secours
« les plus nécessaires de la religion, les obligea
« d'envoyer à Damas, en toute diligence, chercher
« un missionnaire qui venait de signaler son zèle

« et sa charité auprès des pestiférés de cette ville.
« C'étair le Père Rigardi, qui s'illustra autant par
« les soins qu'il donna aux malades, que par ses
« prédications. Messieurs de la Nation française
« qui l'entendirent prirent la résolution de le rete-
« nir, et ils lui donnèrent un appartement et la
« subsistance dans une vaste maison qu'ils occu-
« paient. »

Le dévoûment du P. Rigardi fut donc la première pierre de la mission de Saïda. Le Père sut profi-
eer de la position qui lui était faite, pour opérer
un grand bien. Il fonda, parmi les commerçants,
une Congrégation qui fut placée sous la protection de la sainte Vierge. Les fruits de cette œuvre
furent immens. « On voyait les congréganistes
« employer en bonnes œuvres tout le temps que
les occupations de leur commerce leur laissaient
de reste. Ils avaient surtout grand soin d'assister les pauvres chrétiens et d'aller les chercher
dans les lieux obscurs où ils cachaient leur pau-
vreté. On les reconnaissait, dans la ville, à leur
« piété, à leur modestie, à leur charité. Les étran-
« gers en étaient édifiés, et ils étaient les premiers
« à louer les bons effets qu'avait produits le nou-
« vel établissement.

« Le P. Gilbert Rigoust et le P. Jean Amien gou-
« vernèrent pendant plusieurs années cette congré-
« gation et Dieu leur donna de grandes consola-
« tions; car, la conduite édifiante de leurs congré-

« ganistes faisant honorer la vertu et décriant le
« vice, les mœurs de la ville de Saïda en furent
« réformées.

« Les plus zélés catholiques, témoins de ce chan-
« gement, donnaient mille bénédictions au direc-
« teur de la congrégation. La réputation où ils
« étaient fut si bien établie, que chacun avait re-
« cours à leurs conseils et qu'on en passait par
« leurs avis dans les différends qui naissaient entre
« les négociants. »

Assurément, les nouveaux missionnaires de Saïda n'auront point à défricher un champ aussi vaste que celui de leurs prédécesseurs. Les Européens s'y rencontrent en nombre infiniment petit, et les deux mille six cents catholiques qui l'habitent sont plus qu'abondamment fournis de prêtres ; les différents rites orientaux se trouvent tous représentés à Saïda, ayant chacun leur clergé respectif et leurs évêques titulaires. Mais, comme nous aurons l'occasion de le dire tout à l'heure, le travail ne leur manque pas.

La fondation de leur résidence a quelque chose de providentiel.

Mgr le délégué apostolique les pressait d'aller porter un secours nécessaire aux religieuses de Saint-Joseph, qui tenaient en cette ville une école de petites filles ; et, de leur côté, les négociants demandaient aux Frères d'ouvrir à leurs enfants une école de Français. Le zèle d'un excellent prêtre de la

Franche-Comté, qui proposait ses peines et son avoir pour fonder cette mission, aplanit les premières difficultés. Les supérieurs de la Compagnie acceptèrent ses offres, et le bon prêtre partit pour Saïda accompagné d'un de nos religieux. La bienveillance de M. le consul de France à Beyrouth leur fit trouver un logis au kan français. M. l'abbé Rousseau et le Père y ouvrirent leur école de Français, avec une petite chapelle provisoire, aux applaudissements de la colonie latine et des négociants maronites et grecs. Mais les enfants de Loyola prenaient pied à Saïda ; l'ennemi de tout bien devait s'en émouvoir et susciter la persécution. Le voisinage d'une église paroissiale fut une première cause de chicane ; et, d'autre part, les intentions indécises du pieux fondateur n'offraient pas un fondement bien solide au nouvel établissement. Était-ce notre mission ou la sienne? Cette question devait être éclaircie avant tout. Le diable s'agitait, les hommes l'aidaient ; mais enfin le zèle l'emporta, et M. Rousseau entra au noviciat en abandonnant à la Compagnie toute son œuvre, sauf les garanties nécessaires en pareil cas. La question d'une église sottement rivale était plus difficile à vider ; cependant, comme elle pouvait se résoudre avec le temps et de l'argent, on en vint à bout.

On ne saurait croire la peine qu'eurent les Pères pour louer une maison à Saïda. La seule habitation disponible appartenait à un certain Akmet-Bey, jadis mussélim ou gouverneur de la ville, aujourd'hui retiré à Constantinople. On parle encore de son horreur pour les Chrétiens. Lorsque les devoirs de sa charge l'obligeaient à les recevoir chez lui, il se croyaient souillé, et il avait soin de faire nettoyer et purifier le lieu où ils s'étaient assis. Comment fut-il amené à louer sa maison à des chiens de chrétiens, prêtres et jésuites? c'est le secret de la Providence. La partie de cette maison qui nous est échue, et qui fut son harem, avait vu mourir une poitrinaire. Cette circonstance, en éloignant bien des gens, prévenait la concurrence. Dans l'état, il nous suffisait de ne point nous mettre en avant. M. le consul de Belgique, maronite de nos amis, voulut bien se charger de négocier le contrat et de le signer. Le tour était joué. Grande fut la rumeur parmi les musulmans, lorsqu'ils apprirent en quelles mains venait de tomber la maison de leur ancien gouverneur. On cria au sacrilège, à l'infamie ; on protestait surtout contre la célébration de la sainte messe qui avait lieu tous les jours, et dont une petite cloche osait donner le signal. Le vice-consul de France fit tête à l'orage ; il distribua des bakchchisch, et la victoire nous resta. Mais nos peines n'étaient pas finies ; et, pour nous maintenir dans cette maison, d'ailleurs fort incommode, il nous fallut subir l'élévation graduelle du loyer, de cent à quinze cents piastres. La position une fois prise, restait à faire le bien qu'on s'était proposé. Les Pères se mirent à l'œuvre ; leur école se développa, et ils visèrent à l'établissement d'une congrégation de la sainte Vierge. Depuis lors, la Providence a béni leurs efforts ; ils ont pu acheter une maison, bâtir une petite église, et mieux assurer ainsi l'avenir de leur mission.

La tempête recommença dès que nous fûmes entrés à Sidon. Le lendemain, impossible de partir. Le surlendemain, mes compagnons se découragèrent ; ils craignirent de s'éterniser ici : ils louèrent des chevaux, et gagnèrent Beyrouth en suivant les bords de la mer. J'attendis encore vingt-quatre heures. Enfin les matelots, abusant de ma position, consentirent à me louer une barque au poids de l'or: j'y fis transporter Maxence de Vibraye, et je donnai l'ordre du départ.

En ce moment, se présenta un gros homme appelé Semàn, porteur d'une lettre des Franciscains. Il demandait la permission de faire le voyage avec nous. La barque m'appartenait ; cet homme était pauvre, et, de plus, recommandé par les Pères de Saint-François, je n'hésitai pas à lui faire cette aumône. Or, voici bien l'impudence arabe ! en arrivant, n'eut-il pas l'audace de me demander de l'argent, sous prétexte qu'il m'avait fait l'honneur de m'accompagner ! Mais, lui dis-je, tu es de Beyrouth ; je t'ai ramené pour rien, n'est-ce pas assez ? — Allons donc, répondit-il, est-ce que tu aurais jamais pu arriver ici sans moi ? — Et il se mit à vociférer comme un énergumène. Malheureusement, je n'étais pas encore familiarisé avec les manières arabes ; je craignis du scandale, et j'eus la simplicité de lui abandonner dix francs pour le faire taire.

Je suis sûr qu'intérieurement il m'a méprisé pour mon peu de savoir faire ; si j'avais levé sur lui mon bâton, il se serait tû en se disant à lui-même: J'ai trouvé un plus fin que moi ; ; celui-là sait vivre. — N'importe ; j'étais heureux d'avoir conduit M. de Vibraye, sain et sauf, jusqu'à Beyrouth. J'allais pouvoir le remettre entre les mains d'un excellent médecin français ; les Pères de mon Ordre voulaient bien lui donner l'hospitalité, en attendant que le duc de Lorges vint le prendre pour le ramener à Paris. Désormais tranquille sur l'avenir, je pouvais retourner vers nos amis au mont Carmel.

XVII

LE MONT CARMEL

Sur une haute montagne battue par les flots, s'élève, au milieu de la verdure, un couvent semblable à une citadelle. Un voyageur allemand l'appelle le donjon du Christianisme. « De là, dit-il, des religieux, sentinelles de l'Église, regardent continuellement vers l'Occident, et cherchent à découvrir, dans la vaste étendue des mers, s'il n'arrive pas quelques preux chevaliers pour délivrer la Terre-Sainte du joug de l'islamisme. C'est vraiment une forteresse ; c'est la citadelle de Marie Immaculée ; c'est le couvent du mont Carmel !

Il fut de tout temps célèbre. Les prophètes l'ont chanté comme un lieu plein de beauté. Son nom même indique la fertilité et l'abondance ; il signifie *plantation, vigne de Dieu.*

Pythagore se plaisait à rêver sur ses pentes solitaires ; et seul avec ses pensées, il les méditait et les creusait avant de les communiquer aux écoles de la Grèce.

Vespasien y vint consulter l'Oracle qui, d'après Tacite, n'y avait qu'un seul autel, sans statue et sans temple. Pline fait mention d'une citadelle élevée sur ses hauteurs, appelée d'abord Hecbatane et connue ensuite sous le nom de la montagne elle-même.

Aux jours de la prospérité d'Israël, il était orné d'oliviers, de vignes, d'arbustes, d'herbes odoriférantes, et d'arbres fruitiers de toute espèce. Salomon ne trouve pas d'image plus noble que celle de cette montagne, pour exprimer la beauté de l'Épouse des cantiques : Votre tête, lui dit-il, est semblable au Carmel ». Lorsque Isaïe veut prophétiser la splendeur future de l'Église de Jésus-Christ, il la résume en ces mots : « La gloire du Liban et la beauté du Carmel lui seront données ». Aujourd'hui encore elle porte des traces de son ancienne magnificence. Des plantes diverses y croissent sans culture, la sauge par exemple, l'absinthe, la rue, l'hyssope, la lavande et le persil. Les fleurs y sont abondantes ; on s'y promène parmi l'hyacinthe, le lys, l'anémone la tulipe, et la renoncule.

S'il faut en croire une fort vieille tradition, le Carmel aurait été consacré à la sainte Vierge, longtemps avant la naissance de cette auguste Mère de Dieu. Le prophète Élie y aurait dédié, par avance, un autel à Marie, le jour où, offrant un sacrifice pour faire cesser une cruelle sécheresse, il avait vu s'élever du sein de la mer le nuage léger, précurseur d'une pluie abondante, dans lequel les interprètes de l'Écriture reconnaissent l'image de la sainte Vierge apportant Jésus-Christ, son Sauveur, à la terre désolée.

Quoiqu'il en soit de cette tradition, il paraît du moins hors de doute que, longtemps avant la naissance de Notre-Seigneur, les fils des prophètes considéraient cette montagne comme un lieu saint, et venaient y fortifier leur âme dans la méditation des choses de Dieu.

Le Carmel renferme plus de deux mille grottes creusées dans ses flancs et dans les vallées qui l'environnent. Les entrées de ces retraites sont si basses et les corridors si étroits et si tortueux, qu'il serait difficile d'en troubler la solitude et le recueillement.

Le jour de la Pentecôte, quelques-uns des Juifs convertis par S. Pierre s'y retirèrent, dit-on, pour y consacrer leur vie au service de Dieu.

La sainte Vierge alla les visiter. Ils la reçurent avec une joie inexprimable. Pendant quelques jours, elle daigna les entretenir des merveilles de sa vie, et, lorsqu'elle s'éloigna de ces lieux, elle y laissa la promesse de sa protection et le souvenir immortel de son passage.

Depuis cette époque, la sainte montagne devint l'objet de la vénération des fidèles.

On ne sait pas en quelle année l'Ordre des Carmes reçut le glorieux privilège d'y perpétuer le culte de Marie. Mais personne n'ignore les témoignages de reconnaissance et de protection dont ils furent l'objet.

Parlerai je de la concession ineffable du scapulaire ?

C'était vers la fin du douzième siècle.

Le bienheureux Simon, issu de l'illustre famille des barons de Stock. naquit au château d'Hestefort, dont son père était gouverneur, dans le comté de Kent, s'il faut en croire certains chroniqueurs ; il fut, selon d'autres historiens, le fils d'un pauvre paysan de la Grande-Bretagne; mais, quelle que soit son origine, il se fit remarquer par les témoignages non équivoques d'une vertu précoce.

A peine âgé de douze ans, il se retira dans une vaste forêt où il n'eût pour logement que le tronc d'un vieux chêne dont la cavité lui offrit un asile. Il y dressa un oratoire, l'orna d'un crucifix, d'une image de Marie, d'un psautier de David ; et il y retraça, dans sa vie, toute les austérités des anciens solitaires. L'eau du rocher était sa boisson ; des herbes et des racines sa nourriture.

Il y avait vingt ans qu'il menait la vie d'un reclus, lorsque deux seigneurs anglais, revenant de la Terre-Sainte, amenèrent avec eux quelques Religieux du mont Carmel. Le bienheureux Simon fut extrêmement touché de la piété des nouveaux Religieux et de leur dévotion à la Reine du ciel, et il les pria de l'admettre dans leur société. Il fit sa profession vers l'année 1213. Ensuite il partit pour l'Orient, resta six ans dans la Palestine, et, ayant mérité d'être nommé supérieur général de son ordre, il revint en Occident, pour l'y affermir et l'y développer davantage. Invité à passer en France, il s'embarqua pour Bordeaux où il mourut le 16 juillet 1265.

Or, il était au moment d'expirer lorsque la Reine du ciel lui apparut, environnée d'une multitude d'esprits célestes, tenant en main cet objet béni connu sous le nom de scapulaire du mont Carmel, et lui adressa ces paroles : « Reçois, mon fils, un scapulaire de ton Ordre, comme le signe distinctif de ma confrérie et la marque d'un privilège glorieux. Celui qui mourra, pieusement revêtu de cet habit, sera préservé des flammes éternelles. C'est un signe de salut, une sauvegarde dans les périls, le gage d'une protection spéciale, jusqu'à la fin des siècles. »

Pour mieux confirmer sa promesse, la Sainte Vierge voulut bien ensuite apparaître au pape Jean XXII et lui en raconter les détails. Vingt-deux souverains Pontifes reconnurent successivement la vérité du fait et approuvèrent la dévotion par des jugements solennels.

Depuis lors, la Vierge du Carmel eut ses chevaliers comme le Saint-Sépulcre avait les siens. On porta l'habit de Notre-Dame, comme on avait porté la Croix rouge. La croisade de Marie se perpétua même au-delà de celle de la Palestine, et le dix-neuvième siècle compte parmi les chrétiens un grand nombre de chevaliers du Scapulaire.

Mais pourquoi demander au passé les marques de la prédilection de la sainte Vierge pour le Carmel ?

Aujourd'hui encore, elle se plaît à être honorée sur la sainte montagne; et la preuve en est dans ce couvent magnifique, dont les proportions grandioses attirent mes regards. Son existence est une sorte de miracle.

Voici le fait. Je le raconterai à la suite de Mgr Mislin.

Il y a plus de quarante ans, en 1824, Abdallah-Pacha, le fameux gouverneur de Saint-Jean d'Acre sous un prétexte menteur, renversa de fond en comble l'antique séjour des serviteurs de Marie. Avec leurs matériaux dispersés, il se construisit un palais, où il venait chercher la fraîcheur en été.

Rome s'émut de ce désastre.

Le frère Jean-Baptiste de Frascati, carme déchaussé, fut envoyé en Orient par ses supérieurs pour étudier la situation. Il gravit la montagne, il s'assit sur la dernière pierre de son couvent renversé et demeura pensif. Il pleura beaucoup et lontemps. Tout à coup, il se leva, réveillé comme par une illumination subite. Il courut à la sainte grotte d'Élie, où reposait la statue miraculeuse de la Vierge, se prosterna devant elle, lui adressa une ardente prière, et, se relevant, il prit la statue, l'emporta dans le pli de son scapulaire et revint en Europe.

On le vit aborder à Marseille. Il présenta à la France étonnée l'image de Notre-Dame du Mont-Carmel. et annonça le projet de promener partout cette divine sollicitense, jusqu'à ce qu'elle eût obtenu la réédification de son couvent.

Ce fut pour l'Europe étonnée comme une apparition du moyen âge.

L'entreprise était gigantesque.

Il ne s'agissait de rien moins que de faire désavouer la conduite d'un pacha tout-puissant auprès du grand Seigneur ; d'obtenir un acte de protection de la Porte, en faveur d'un monastère catholique ; de recueillir dans cette Europe qui détruit ses propres couvents, des sommes immenses afin d'en rebâtir un en Asie, de trouver un architecte, des ouvriers de toute espèce, des pierres de construction, des matériaux, du bois, de l'eau, sur une montagne où il n'y a rien.....

La statue de Notre-Dame du Mont-Carmel opéra ce miracle.

Sur les réclamations de la France, le sultan rétablit les carmes dans leurs anciens droits.

Le frère Jean-Baptiste se mit à parcourir l'Europe, portant avec lui son précieux trésor. Il ne sait que l'italien ; n'importe ! avec cela, il ira à

Paris, à Londres, à Vienne, à Berlin ; il sera accueilli dans les palais des souverains, chez les grands et chez les pauvres ; comblé de politesse et de présents.

Nos contemporains furent témoins de la merveille.

Pour le pauvre frère, les poëtes faisaient des vers ; les premiers artistes, des tableaux ; les compositeurs, des morceaux inédits ; les romanciers, des réclames ; les grandes dames brodaient, organisaient des loteries et des concerts.

J'ai rencontré le frère Charles, compagnon et successeur du frère Jean-Baptiste, il ma montré ses listes de souscriptions, et j'ai lu des noms bien étonnés de se trouver associés à l'œuvre d'un religieux carme, comme celui de la reine d'Angleterre et du roi de Prusse ; d'autres noms plus étonnés encore de leur rapprochement, M. de Rothschild et le primat de Hongrie, un cardinal et un curé de village, l'archevêque de Paris et Réchid-Pacha. Tous les pays, tous les rangs, toutes les religions viennent y rendre hommage à la Vierge du Carmel. Le roi de Prusse avait même ordonné qu'il fût accordé au frère Jean-Baptiste une place gratuite dans les diligences et sur les chemins de fer pour faciliter la quête dans ses États prostestants. Et chose étrange, dans le pays où la Vierge et les Ordres religieux sont en horreur, Notre-Dame du Carmel, portée par un religieux en froc, ne reçut que des hommages.

Ainsi favorisé, le frère Jean-Baptiste appela à son aide le frère Charles, comme lui religieux du Carmel, et le chargea de continuer ses collectes. Le nouveau quêteur fut accueilli en France avec le même enthonsiasme. Le 1er juillet 1844, un concert fut improvisé à l'Odéon en faveur de l'œuvre du Mont-Carmel; et lorsque le président, M. le comte de Ternig, parut accompagné du frère Charles, l'assemblée se leva et répondit par des applaudissements mille fois répétés.

Cependant le frère Jean-Baptiste étais retourné sur le Carmel. Il y déposa la merveilleuse statue de Notre-Dame, et, sous ses yeux il se mit au travail. Il se fit architecte, maçon, tailleur de pierres; il façonna des ouvriers qui n'avaient jamais rien fait, jamais rien vu; il creusa des citernes dans le roc vif, contre les sécheresses d'un pays où le soleil arrête la pluie durant six mois.

Et aujourd'hui, le monastère du Mont-Carmel possède une église, une hôtellerie, une forteresse, un lazaret; on est agréablement surpris d'y entendre les sons harmonieux de l'orgue, d'y trouver une bibliothèque et une pharmacie.

« Ce couvent, dit le maréchal Marmont qui l'a visité, est très bien construit et disposé pour la défense. On pourrait y soutenir un siège, et pour peu qu'on voulût résister, il serait imprenable pour des gens qui l'attaqueraient sans canons de gros calibres. Les portes sont revêtues de fer, défendues par un flanquement et des feux de protection; des créneaux et des meurtrières sont ouverts dans toutes les directions, et la terrasse est défilée de hauteurs qui la dominent ».

On se figure sans peine les difficultés d'une telle construction, lorsqu'on sait combien pauvre est le pays où elle fut entreprise. Chacun des clous de cet immense établissement vient d'Europe. Quand on brise un verre ou quelque chose de semblable, il faut écrire à huit cents lieues pour le remplacer.

Ainsi, après dix-huit cents ans la sainte Vierge est toujours la protectrice du Carmel.

Me permettra-t-on de rappeler un autre miracle de protection, d'une date toute récente, dont j'ai été presque le témoin.

Il y avait au mont Carmel un musulman attaché au service du couvent. Cet homme était le père de plusieurs enfants. Les religieux accueillaient volontiers chez eux les fils de leur serviteur; ils les traitaient avec bonté, les employaient quelquefois à de petits services domestiques. L'adresse de l'aîné le fit admettre à travailler à la sacristie. Assez longtemps l'enfant entra dans le sanctuaire sans recevoir aucune impression religieuse, favorable ou défavorable. Mais, un jour qu'il étendait une nappe de fin lin, sur la pierre sacrée, il se sentit pressé de baiser les pieds de la statue de Notre-Dame du Mont-Carmel. Et voilà qu'en se redressant, il crut voir la Vierge et l'enfant Jésus incliner la tête et lui faire signe de venir à eux. Après son travail, il raconta la chose à un religieux qu'il aimait. Le père agit prudemment. Il ne nia pas le fait ; il n'en parut pas surpris non plus ; il se contenta de dire que c'était un grand bonheur d'être appelé par la sainte Vierge. L'enfant proposa de se convertir immédiatement. Le prêtre refusa sagement ; et l'affaire en resta là. Dès le soir même, le petit musulman se reprocha sa confidence, et l'idée de se convertir, qui lui avait paru si simple, lui devint tout à coup odieuse. Il prévit la colère de son père, la douleur de sa mère, la nécessité d'aller vivre en exil, bien loin de son pays et de ses habitudes. Le dépositaire de son secret lui devint un sujet de terreur; il le fuyait comme un remords. Quelques mois après, était-ce une vision ou la suite des préoccupations de son esprit, je l'ignore ; pendant son sommeil, il vit de nouveau la Vierge du Carmel et son divin fils lui faire signe de venir à eux. A son réveil, il était tout changé et voulait être catholique à tout prix. Il reparla de sa vision et de ses dispositions. La chose parut digne d'attention. On s'occupa des moyens de le faire évader, de l'instruire, et de le baptiser. Un Européen se chargea de lui et de son jeune frère, qui voulut absolument l'accompagner. Dieu bénit ces enfants. On les cacha d'abord au Liban, mais le père les réclama avec fureur. Le consul de France, invoqué, refusa sa protection. Les jésuites, repoussés par leur gouvernement, durent recourir à un protestant. Le consul de Prusse recueillit ses enfants chez lui pendant trois jours. Au bout de ce temps, il appela le père et tous les musulmans qui voulurent être témoins. Il fit comparaître les enfants. Pas un catholique n'était là pour les influencer. Interrogés sur leur foi, les enfants déclarèrent qu'ils étaient catholiques et voulaient persévérer. Le lendemain ou fit une contre-épreuve : même résultat. Le surlendemain, les enfants parlèrent plus ferme encore que les jours précédents. Alors le consul de Prusse les déclara libres de suivre leur inclination et fit entendre aux mahométans que le moindre des actes intentés contre eux serait justiciable de l'autorité prussienne. On se le tint pour bien dit ; les enfants partirent librement pour la France ; et ils sont aujourd'hui religieux.

Ainsi, à tous les points de vue, le Carmel est engageant et gracieux. Je n'oublierai jamais les impressions que me fit son premier aspect. Ce jour-là, il ne me fut pas donné de gravir ses pentes. Je venais de Sébastopol, à la fin de la guerre ; j'avais peu de temps, je me dirigeais droit sur Jérusalem. Le vapeur glissait sur la mer, et je regardais de loin, en passant rapidement.

Je ne sais quel sentiment religieux et poétique remplissait mon âme. La voix des prophètes, la dévotion à Marie mère de Dieu, les chastes délices de la vie cénobitique revenaient à mon esprit et l'émouvaient doucement. D'abord, la grande figure d'Élie m'apparaissait. Je croyais voir au fond de sa grotte, cet homme vêtu d'une tunique grossière, ne possédant rien sur la terre, et d'une seule parole forçant le feu du ciel à descendre sur un holocauste ou sur les satellites d'un prince impie. Il me semblait l'apercevoir montant au ciel sur un char de feu pour y attendre les derniers jours du monde. Puis le prophète Elisée se présentait à son tour couvert du manteau d'Élie et revêtu de sa puissance. Et encore, de la grotte des fils du prophète, je m'imaginais entendre sortir mille voix harmonieuses, tantôt graves et tantôt joyeuses, qui annonçaient les futures destinées d'Israël et les abaissements admirables et la grandeur du Messie. Je me rappelais les courses fréquentes de la sainte Vierge au mont Carmel, lorsqu'elle allait visiter les frères de l'Église primitive. Je savais que sur cette montagne, adossé à la grotte d'Élie, était le premier autel élevé, dit-on, à Marie. Enfin, il y avait là des religieux qui s'honorent d'être les fils aînés de la Vierge Marie dans l'église militante, et qui lui rendent l'hommage d'une prière perpétuelle dans ce lieu de sa prédilection. Le souvenir de saint Simon Stock et l'établissement de la merveilleuse dévotion du scapulaire se liait au tableau. Un sentiment intime s'ajoutait aux précédents et remuait profondément mon cœur. Le jour de la fête de Notre-Dame du mont Carmel était celui de ma promotion au diaconat; et ce jour-là aussi, un an après, j'avais reçu la consécration sacerdotale.

Dans la cour du monastère nous vîmes un tombeau. Le nom gravé sur la pierre était français. Il y a quelques années, messieurs de Civrac, de Beaufort et de Juigné voyageaient en Orient. Au pied du mont Carmel, ils convinrent de donner une leçon à leur cuisinier dont ils n'étaient pas contents depuis quelques jours. Ils lui firent administrer quelques coups de canne, seul moyen de venir à bout de ces arabes. Il parait que le malheureux en garda un ressentiment qui n'est pas ordinaire. Après le déjeuner, ces messieurs ressentirent quelques douleurs d'entrailles. Le mal fut vif chez M. de Juigné. Deux heures après il était mort.

Grâce à Dieu, notre pèlerinage se terminait sans que nous eussions à déplorer la mort d'aucun des nôtres. Nous avions visité successivement tous les sanctuaires de la Terre-Sainte : Nazareth, Béthléem, le Thabor, le Calvaire, la vallée de Josaphat et son jardin de l'Agonie, la montagne de l'Ascension, le Cénacle où fut instituée l'adorable Eucharistie, où le Saint-Esprit descendit en langues de feu sur les apôtres, la montagne de Sion où les anges recueillirent le dernier soupir de la sainte Vierge, d'où les apôtres partirent pour la conquête spirituelle du monde. Le gros de la caravane allait continuer sa marche sur terre, par Tyr et Sidon, jusqu'à Beyrouth, où elle devait s'embarquer pour la France. J'avais une course plus longue à faire avec les comtes de Lorges, de Divonne, et de Monteynard. Nous allions voir le Liban, Damas, Tripoli Homs, Hamah, Palmyre, Alep, Antioche. Nous devions aborder à Rhodes, s'éjourner à Smyrne et à Constantinople, toucher à Athènes et à Messine, avant de revoir les rivages de la patrie.

Mais le pélerinage était réellement fini. Il était juste de témoigner à Dieu notre reconnaissance. Une messe solennelle fut chantée. La masse des pèlerins était dans le sanctuaire. Les jeunes gens montèrent à la tribune. L'un deux toucha de l'orgue, les autres chantèrent. Après la messe, le prêtre entonna le *Te Deum* d'action de grâces. Notre pélerinage se terminait heureusement au pied de Notre-Dame du mont Carmel.

CONCLUSION

A la fin d'un ouvrage comme le nôtre, le P. Néret, missionnaire de la compagnie de Jésus de Syrie, écrivait, il y a cinquante ans : « Quand je n'aurais eu que le seul bonheur de voir les sacrés monuments, qui sont autant de témoins fidèles de tout ce que les saintes Écritures nous rapportent de la mort et de la passion du Sauveur, j'aurais d'éternelles actions de grâces à rendre à Dieu, d'avoir bien voulu m'admettre au nombre de ses missionnaires. »

« Que ne puis-je faire entendre ma voix à tous nos frères qui sont en France, pour les inviter à venir partager avec nous ces consolations que le Père de la mission accorde à ses ouvriers.

« Venez et voyez, écrivait autrefois saint Jérôme à Marcelle et à d'autres dames romaines, pour les engager à quitter le tumulte et les embarras de Rome, pour venir à Bethléem.

« On n'y voit pas, il est vrai, leur disait ce saint solitaire, on n'y voit ni les superbes édifices de la première ville de l'univers, ni ses vastes galeries enrichies de peintures et de dorures, ni ses portiques incrustés des marbres les plus précieux ; on n'y voit pas les somptueux ameublements des palais, où l'or et l'argent sont prodigués avec excès : mais vous y verrez la crèche du Sauveur, et cette étable où il recevait les hommages des pasteurs et des rois.

« Ces seuls objets parraissaient à saint Jérôme capables d'attirer à Bethléem les dames romaines. Combien d'autres motifs puis-je ajouter à ceux-ci, pour exciter nos frères à venir avec nous à Alep, à Damas, à Tripoli, à Seyde, à Jérusalem, dans les montagnes du Liban, dans le vaste royaume d'Égypte ? Toutes ces terres sont saintes, depuis qu'elles ont été sanctifiées par la naissance et par es travaux du Fils de Dieu.

« C'est ici qu'il a fait choix de ses premiers disciples. Nous prêchons le saint Evangile dans les bourgades où ils l'ont annoncé. Nous tâchons de maintenir la foi chez les nations qui l'ont reçue des apôtres. Nous la défendons contre l'infidélité, qui s'efforce de la détruire.

« La moisson se présente partout aux hommes

de bonne volonté. Il est vrai qu'il faut marcher sur les épines et sur les ronces ; mais le Seigneur et ses disciples y ont marché avant nous, et il nous est glorieux et méritoire devant Dieu de participer à leurs souffrances. »

Moins heureux que le P. Néret, je n'ai pas eu le bonheur d'être choisi pour travailler régulièrement à étendre la gloire de Dieu en Orient ; mais puisqu'il a plu à la divine Providence de m'y conduire plusieurs fois et de me mettre en position de rendre quelques services à ces missions, je ne puis que m'unir à l'appel du saint missionaire, pour appeler l'attention, des fidèles de l'Europe sur cette terre bénie de l'Orient.

Au jour où l'empire des sultans s'écroule, où le successeur de Mahomet se croit forcé d'accorder la liberté de conscience dans ses états, n'est-ce pas le moment, pour nous, de recueillir l'héritage des Croisés ? Voilà que le souverain pontife Pie IX a rétabli, après plusieurs siècles de vacance, le siège patriarcal de Jérusalem. Nos religieuses traversent les rues de Constantinople, de Smyrne, de Beyrouth, d'Alexandrie, de Jérusalem, entourées du respect de ces Turcs eux-mêmes qui traitent la femme en esclave. Nos missionnaires élèvent bien haut la bannière du Christ ; que l'Europe fasse un sublime effort, qu'elle multiplie ses missionnaires et ses aumônes, qu'elle revendique ses droits incontestables, et Jérusalem quittera ses habits de deuil, et les échos de Sion répéteront de nouveau les saints cantiques, et la tige de David refleurira, et la terre longtemps infidèle, redeviendra la Terre sainte.

FIN.

NOTES ET RENSEIGNEMENTS
UTILES POUR LES PÈLERINAGES EN TERRE-SAINTE
ET RELATIFS AUX VOYAGES EN ORIENT
Du R. P. DE DAMAS

AU SINAÏ. — EN JUDÉE. — A JÉRUSALEM ET EN GALILÉE

I

AUTHENTICITÉ

DES TRADITIONS CHRÉTIENNES

RELATIVES AUX SAINTS LIEUX

Après le récit de ces voyages aux Lieux saints, tels qu'ils existent aujourd'hui, il nous a paru intéressant de donner un résumé des titres d'authenticité des traditions chrétiennes dont on vient de lire les détails.

« Le principal fait de l'histoire du Christianisme, c'est le procès intenté par les Juifs à Jésus-Christ de Nazareth. Il s'est passé sous le règne d'Hérode Antipater, du temps que Ponce-Pilate était procurateur de Judée. La fin de ces deux hommes est digne de remarque.

« Hérode, après avoir été fait Tétraque de Galilée par César Auguste, après avoir joui de la faveur de Tibère, en l'honneur duquel il avait fait bâtir une ville, Tibériade, sur les bords du lac de Génézareth, encourut la disgrâce de Caligula qui lui retira sa province et l'envoya en exil, d'abord à Lyon, puis en Espagne, où il mourut. Il avait épousé sa nièce Hérodiade, celle qui fit périr saint Jean-Baptiste. Le massacre des Innocents se rapporte au père de celui-ci, à Hérode l'Ascalonite, qui ayant appris qu'il venait de naître un enfant auquel était promis le royaume de la Judée, fit exterminer tous les enfants mâles de Bethléem qui avait moins de deux ans.

« Pilate gouvernait la Judée en qualité de procurateur, comme on en mettait dans les provinces peu importantes pour y remplir les fonctions de préteur, et, par conséquent, de grand-juge ; il ne consentit qu'avec peine à la mort du Christ ; il déclara plusieurs fois aux Juifs qu'il ne trouvait rien à condamner dans la personne du Fils de Dieu ; mais, vaincu par leurs instances criminelles, il finit par le livrer et donner des ordres pour l'exécution, se contentant de se laver les mains devant le peuple, comme pour décliner la responsabilité d'un pareil meurtre. Peu de temps après, comme Hérode, il encourut la disgrâce de son gouvernement, fut exilé dans les Gaules, et vint mourir à Vienne dans le département de l'Isère, près de Lyon, où l'on voit encore un monument qu'on dit être son tombeau, au milieu d'un champ entre le Rhône et la ville. On appelle ce monument le Plan de l'aiguille ou le Tombeau de Pilate. Singulière coïncidence ! Vienne et Lyon ont été le berceau du christianisme en France ; et Lyon est encore aujourd'hui la ville catholique par excellence. »

Les archives d'Hérode ou des Juifs furent détruites dans la ville, quand Titus l'assiégea, soixante-et-dix ans après la mort du Christ. Mais les archives qui appartenaient à la domination romaine, ne pouvaient pas l'être, attendu qu'elles étaient à Rome où le procurateur envoyait régulièrement un compte-rendu des actes de son administration.

Tertullien qui écrivait vers la seconde partie du deuxième siècle, puisqu'il naquit vers l'année 150 après J.-C., dit dans son *Apologétique :* « Tibère, sous le règne de qui le nom chrétien commença à être connu dans le monde, rendit compte au sénat des preuves de la divinité de J.-C., qu'il avait reçues de Palestine, et les appuya de son suffrage. Le sénat les rejeta parce qu'elles n'avaient pas été soumises à son examen. Mais l'Empereur persista dans son sentiment, et menaça des plus grands châtiments les accusateurs des chrétiens. (*Apologet.* IV.)

« Les docteurs et les premiers d'entre les Juifs, révoltés contre la doctrine de Jésus qui les confondait, furieux de voir le peuple courir en foule sur ses pas, forcèrent Pilate, commandant en Judée pour les Romains, de le leur abandonner pour le crucifier. Lui-même (Jésus), il l'avait prédit. Ce n'est pas assez : les prophètes l'avaient prédit longtemps auparavant. Attaché à la croix, il rendit l'esprit en parlant, et prévint le ministère du bourreau. A l'instant, le jour disparut en plein midi. Ceux qui ignoraient que ce phénomène avait été prédit pour la mort du Christ le prirent pour une éclipse. Dans la suite, ne pouvant en découvrir la raison, ils l'ont nié, mais vous le trouvez rapporté dans vos archives.

« Après qu'on eut détaché de la croix le corps du Christ, et qu'on l'eût mis dans le tombeau, les Juifs le firent garder avec soin par une troupe de soldats, dans la crainte que ses disciples ne l'enlevassent, et ne fissent croire à des gens prévenus qu'il était ressuscité le troisième jour, comme il l'avait prédit. Mais le troisième jour, la terre trembla tout à coup, la pierre qui recouvrait le tombeau fut renversée, les gardes furent saisis de frayeur, et, sans qu'il eût paru aucun de ses disciples, on ne trouva plus dans le tombeau que les dépouilles d'un tombeau. Cependant les principaux d'entre les Juifs, intéressés à supposer un crime, pour éloigner de la foi, pour retenir tributaire et dépendant un peuple prêt à leur échapper, répandirent que le corps du Christ avait été enlevé par ses disciples. Le Christ ne se montra pas à la multitude pour laisser les impies dans leur aveuglement, pour que la foi destinée à de magnifiques récompenses coutât quelque chose à l'homme ; mais il demeura pendant quarante jours avec ses disciples, dans la Galilée qui fait partie de la Judée, leur enseignant ce qu'ils devaient enseigner eux-même. Ensuite, les ayant chargés de prêcher son Évangile par toute la terre, il monta au ciel, environné d'une nuée qui le déroba à leurs yeux. Ce prodige est plus sûr que celui de Romulus, dont vous n'avez que des Proculus pour garants. Pilate, chrétien de cœur, rendit compte de tout ce que je viens de dire à l'empereur Tibère ; et les empereurs eux-mêmes auraient cru au Christ, s'il n'avait pas été nécessaire au monde ou qu'ils eussent pu être empereurs à la fois et chrétiens. Les apôtres, fidèles à leurs mission, se partagèrent l'univers ; et après avoir beaucoup souffert des Juifs, avec le courage et la confiance que donne la vérité, ils semèrent le sang chrétien à Rome dans la persécution de Néron. » (*Apologet*. XXI.)

L'historien Tacite est antérieur à Tertullien, puisqu'il vécut de l'an 54 jusqu'à l'an 130 après J-C. Il raconte dans ses Annales (liv. XV, 44.) l'incendie de Rome que la rumeur publique attribuait à l'empereur Néron. « Pour faire cesser ces bruits, dit Tacite, Néron supposa des coupables et livra aux tortures les plus raffinées des hommes détestés pour leurs forfaits (on sait par une lettre de Pline le Jeune, dont Tacite pourtant était l'intime ami, que ces forfaits étaient des vertus), que le peuple appelait Chrétiens. Ce nom leur vient de Christ, qui, sous le règne de Tibère, fut condamné au supplice par le procurateur Ponce-Pilate. *Auctor nominis ejus, Christus, Tiberio imperitaute, per procura-*

torem Pontium Pilatum supplicio affectus erat.
Sous le point de vue purement historique, et indépendamment de toute considération de foi et de religion, il n'y a donc pas de fait mieux établi que celui du procès de J.-C., de son crucifiment et de sa mort sur le Calvaire.

Quant aux lieux où se sont accomplies les dernières scènes de la passion, l'authenticité des traditions qui s'y rattachent ne peut être non plus révoquée en doute. Le premier évêque de Jérusalem fut l'apôtre Jacques, frère du Sauveur, et nous lisons dans les actes de S. Pierre qu'en deux prédications il convertit huit mille personnes dans la ville même. Evidemment, Pierre et Jacques, et les successeurs de ce dernier, ne laissèrent point ignorer à leurs disciples la situation réelle des lieux sanctifiés par le Christ. Jérusalem fut détruite par Titus en l'an 70 (de Pâques en septembre) : les chrétiens s'étaient retirés à Pella, en Macédoine, au commencement des troubles ; mais, la ville rasée et la guerre finie, ils revinrent habiter parmi les ruines. Or, la mémoire d'un lieu consacré ne se perd point en quelques mois. Les Chrétiens rétablirent donc leurs sanctuaires aux lieux où ils étaient auparavant, et qui, d'ailleurs, étant hors de la ville avaient dû être moins atteints par les ravages du siège.

Voici qui est encore bien mieux. Nous arrivons au règne d'Adrien, c'est-à-dire à l'année 138 ; deux philosophes chrétiens, Aristide et Quadratus, persuadaient à cet empereur de faire cesser les persécutions dont les chrétiens étaient l'objet ; mais les Juifs se révoltent à deux reprises, et Adrien les chasse pour jamais de leur pays. Voulant faire perdre jusqu'au souvenir de ce qu'il croit être leur culte, il élève une statue à Vénus sur le mont Calvaire, une à Jupiter sur le saint Sépulcre, et il fait placer Adonis dans la grotte de Bethléem. C'était alors pour ces lieux sacrés des profanations, aujourd'hui ce sont des titres d'authenticité.

« La folie de l'idolâtrie, a dit à ce propos M. de Chateaubriand, publia ainsi par ses profanations imprudentes cette folie de la Croix qu'elle avait tant d'intérêt à cacher. »

D'Anville a publié une dissertation sur l'ancienne Jérusalem dans laquelle il discute avec une grande lucidité tous les points de cette question des lieux où s'est accomplie la passion du Seigneur. Nous citons textuellement l'analyse que M. de Chateaubriand en a faite dans l'introduction de *l'itinéraire*. « Le théâtre de la passion, à l'étendre de la montagne des Oliviers, jusqu'au Calvaire, n'occupa pas plus d'une lieue de terrain, et voyez combien de choses faciles à signaler dans ce petit espace ? C'est d'abord une montagne appelée la montagne des Oliviers qui domine la ville et le temple à l'Orient ; cette montagne est là et n'a pas changé.

C'est un torrent de Cédron ; et ce torrent est encore le seul qui passe à Jérusalem. C'est un lieu élevé à la porte de l'ancienne cité, où l'on mettait à mort les criminels ; or, ce lieu élevé est aisé à retrouver entre le mont Sion, et la porte judiciaire, dont il existe encore quelques vestiges, on ne peut méconnaître Sion, puisqu'elle est encore la plus haute colline de la ville, « Nous sommes, dit notre grand géographe, assurés des limites de cette ville dans la partie que Sion occupait. C'est le côté qui s'avance le plus vers le midi, et non seulement on est fixé de manière à ne pouvoir s'étendre plus loin de ce côté là, mais encore l'espace de l'emplacement que Jérusalem peut y prendre en largeur se trouve déterminé, d'une part par la pente ou l'escarpement de Sion qui regarde le couchant, et de l'autre par son extrémité opposée vers Cédron.

« Le Golgotha était dans une petite croupe de la montagne de Sion, à l'Orient de cette montagne et à l'occident de la porte de la ville. Cette éminence, qui porte maintenant l'église de la Résurrection, se distingue parfaitement encore. On sait que J.-C. fut enseveli dans un jardin au bas du Calvaire ; or, ce jardin et la maison qui en dépendait ne pouvaient disparaître au pied du Gogoltha, monticule dont la base n'est pas assez large pour qu'on y perde un monument.

« La montagne des Oliviers et le torrent de Cédron donnent ensuite la vallée de Josaphat ; celle-ci détermine la position du Temple sur le mont Moriah. Le Temple fournit la porte Triomphale et la maison d'Hérode, que Josèphe place à l'orient, au bas de la ville et près du Temple. Le prétoire de Pilate touchait presque à la tour Antonia, et on connaît les fondements de cette tour. Ainsi, le tribunal de Pilate et le Calvaire étant trouvés, on place aisément la dernière scène de la passion sur le chemin qui conduit de l'un à l'autre ; surtout ayant encore pour témoin un fragment de la porte judiciaire. Ce chemin est cette *via dolorosa* si célèbre dans toutes les relations des pèlerins.

« Les actions de J.-C. hors de la Cité sainte ne sont pas indiquées par les lieux avec moins de certitude. Le jardin des Oliviers, de l'autre côté de la vallée de Josaphat et du torrent de Cédron, est visiblement aujourd'hui dans la position que lui donne l'Évangile, »

Nous pourrions prolonger indéfiniment ces preuves ; mais, outre que d'autres l'ont fait avant nous d'une manière complète et que le lecteur peut facilement s'édifier dans leurs écrits, nous en avons dit assez pour ceux qui doutent de bonne foi et qui ne demandent pas mieux que d'être convaincus. Quant aux autres, ils doutent pour nier et nieront même l'évidence. Malgré leur amas de prétendues preuves contre ce que tous les voyageurs de bonne foi ont affirmé, nous persistons à croire que, s'il y a quelque chose de prouvé sur la terre, c'est l'authenticité des traditions chrétiennes à Jérusalem.

II

PRINCIPALES VILLES DE LA TERRE SAINTE

(Extrait du dictionnaire de Bouillet.)

ACRE OU SAINT-JEAN D'ACRE, Akka des Turcs, Acco très-anciennement, puis *Ptolémaïs,* ville d'Asie, chef-lieu du Pachalick d'Acre, en Syrie, sur la mer, à 122 kil. N. O. de Jérusalem, par 32° 46' long. E., 32° 55, lat. N. ; 20,000 hab. Port célèbre jadis, auj. comblé (les navires mouillent à Caïffa). Fortifications anciennes, auxquelles l'on a ajouté des ouvrages modernes qui rendent la place très forte. Ruines et quelques beaux édifices, surtout le bain public. Elle soutint plusieurs siéges mémorables pendant les Croisades. Les Chrétiens la prirent en 1191 ; les Sarrasins la reprirent en 1291. Elle appartient aux Turcs depuis le XVe siècle. Au XVIIIe siècle, Daher, puis Djezzar, s'y rendirent quelque temps indépendants. Elle fut inutilement assiégée par Bonaparte en 1799. Les Anglais l'enlevèrent en 1840, au pacha d'Égypte pour la rendre au sultan. — Le pachalick est entre ceux de Tridoli au Nord, de Damas au Sud. Montagnes peu élevées épaisses forêts; pays fertile.

Bethléem, d'abord *Ephrata*, berceau de la trib. de Juda, en Judée, auj. en Syrie, à 10 k. sud de Jérusalem ; 500 familles. Ce lieu est célèbre par la naissance du Sauveur. On y voit un vaste couvent, enclos de hautes murailles, et une église qui comprend le lieu même où naquit Jésus. On y vend des chapelets, des croix de bois incrustées de nacre. — Il y avait, en Judée une autre Béthléem, à 10 k. N. O. de Génésareth. — Plusieurs villes aux États-Unis ont le même nom, une entre autres dans la Pensylvanie, à 80 kil. N. O. de Philadelphie.

Beyrouth, *Berytus*, ville de Syrie, à 111 kil. N. E. d'Acre par 33° 8' long. E., 33° 50' lat. N. ; 12,000 hab. Port comblé par les sables (une petite baie voisine, très sûre sert de mouillage). Évêché grec, évêché maronite : plusieurs consuls européens. Fontaines établies par Djezzar ; hautes tours. Bombardée et prise par les Anglais sur Méhémet-Ali, 1840.

Capharnaum, ville de la Palestine, sur le bord

occid. de la mer de Tibériade, dans la tribu de Nephtali et sur les confins de la Galilée, est célèbre par le séjour presque continuel qu'y fit Jésus, pendant les trois ans de sa prédication, et par la guérison du Centenier.

Carmel (Mont), *Carmelus ;* montagne de Syrie (Acre), entre la mer à l'O. et le Cison à l'E., s'étend depuis Césaiée au S. jusqu'à la baie d'Acre au N., où il forme un cap, par 32° 51' lat, N., 32° 39 long. E. : il est haut de 1,000 mètres. Ce mont passe pour avoir été la demeure du prophète Élie. On voit encore les ruines de l'ancien couvent des Carmes qui, ainsi que les carmélites, ont pris leur nom de cette montagne.

Césarée, *Cœsarea*, nom commun à diverses villes anciennes, ainsi appelées du nom d'empereurs romains qui les fondèrent ou les embellirent.

Damas, *Damascus* des anciens, déméch, des El-Cham des Arabes, ville de Syrie, ch.-l. du pachalick de ce nom sur le Baracy, à 1,250 kil. S.-E. de Constantinople ; 150,000 hab., dont 20,000 catholiques et 5,000 juifs. Résidence du patriarche d'Antioche et d'un mollah de 1re classe. Très-belle ville, Vieilles murailles et tours; château-fort. Beaucoup de fontaines, maisons avec terrasses, trottoir ; superbe mosquée dite Zekie), seraï ou palais du pacha. Beaux bazards, cafés élégants et renommés.

Très-grands faubourgs. Damas était jadis célèbre par ses fabriques d'armes blanches et d'acier, mais ses ouvriers ont été transférés par Tamerlan en Boukarie ; admirables ouvrages en nacre, étoffes de soie, de coton, etc. Grand commerce ; caravanes pour la Mecque (50,000 musulmans environs se réunissent tous les ans, pour cet effet, à Damas), pour Bagdad, etc. — Damas est une ville très-ancienne, elle est mentionnée dans la Génèse. Elle fut parfois soumise aux Juifs, et parfois elle forma un royaume indépendant. Elle appartint ensuite aux rois de Perse, à ceux de Syrie, aux Romains, aux Arabes. Ceux-ci en firent d'abord leur capitale, d'où les califes ommiades se nomment aussi califes de Damas. Selim 1er, empereur des Turcs, conquit Damas avec la Syrie en 1516.

DIOCÉSARÉE, *Diocœsarea,* d'abord Séphoris, auj. Sélouri, ville de Palestine (jadis dans la tribu de Zabulon), à 9 kil. de Cana, à 30 kil. S.-E. de Ptolémaïs, Il y avait une autre Diocésarée dans la Cilicie Trachéofide, et dans la Grande-Phrygie. — La ville de Nazianze, en Cappadoce, portait aussi le nom de Diocésarée.

HÉBRON, anciennement *Arbé*, ou Cariatharbé, auj. Cabre-Ibrahim, ville ancienne de la Palestine, dans la tribu de Juda, au S. de Jérusalem, avait été bâtie peu après le déluge par Arbée. Elle est célèbre par le sacre de David, qui y régna sept ans avant d'être maître de tout Israël ; par la naissance de saint Jean-Baptiste, et par le voisinage de la double caverne où furent enterrés par Abraham et Sara, Isaac et Rébecca, Jacob et Lia. Hélène, mère de Constantin, y avait bâti une église. C'est auj. un misérable bourg qui compte environ 4,000 hab. (Juifs et Turcs).

Jérusalem, *Hierosolyma* des Grecs et des Romains, ville antique de la Palestine, capitale de la tribu et du royaume de Juda, était situé à peu près à égale distance de la Méditerranée et du lac Alphatite, vers les sources du torrent de Cédron, par 31° 46' lat. N., 33° 41' long E. Son enceinte, que l'historien Josèphe évalue a 33 stales de circuit, était entourée de triples murs, on y pénétrait par 13 portes. La ville était construite sur plusieurs collines disposées en amphithéâtre et dont les principales étaient celles de Sion et d'Acre ; au S. se trouvaient la vallée de Hinnon et le quartier dit Nasphe, à l'E. la vallée de Josaphat et le mont Moriah; la partie de la ville située sur la moutagne de Sion était appelée Haute-Ville ou Cité de David; on y voyait le palais de David et plus tard le palais d'Herode ou citadelle Antonia. Sur le mont Moriah s'élevait le temple magnifique construit par Salomon. On portait la population de Jérusalem a 120,000 hab. Aujourd'hui Jérusalem n'a plus rien de son ancienne splendeur ; toutefois elle est encore, le ch.-l. d'un sandjak de Syrie (pachalick de Damas) et le siége d'un patriarche arménien. Elle ne compte plus guère que 10,000 hab. Hautes murailles crénelées et garnie de tours. l'église du Saint-Sépulcre en est le plus beau monument ; on y remarque aussi la mosquée d'Omar (el Haram), et un assez grand nombre de ruines. Peu d'industrie et de commerce Jérusalem eut pour premier nom Jebus ; elle existait sous ce nom lors de l'entrée des Israélites dans la Terre promise. David fit de cette ville la capitale de son royaume, au lieu de Sichem. Salomon y bâtit le célèbre temple qui porte son nom, Sous Ézéchias, elle fut assiégé par Sennachérib ; mais elle échappa miraculeusement au danger, Nabuchodonosor la prit trois fois, (606, 598, 596), et finit par la détruire (587). Cyrus en permit le rétablisssment (536), qui fut très-lent. Peu à peu cependant elle refleurit, surtout sous les successeurs d'Alexandre. Mais l'intolérance des Séleucides la remplit de désordre et de sang, et amena le soulèvement des Machabées, qui fut enfin couronné de succès (166-161). Jérusalem fut prise ensuite par Pompée l'an 64 av. J.-C., par Titus l'an 70 de J.-C. (qui la ravagea horriblement et la détruisit presque tout entière), par Julius Sévérus en 130, sous Adrien ; celui-ci l'agrandit, la nomma Elia Capitolina, et défendit à tous les Juifs d'y mettre le pied (136). Constantin lui rendit son premier nom. Jérusalem a encore été prise par les Persans en 614, par les les Sarrazins en 636, par les Sedjoucides en 1086, puis par les Croisés, qui, en 1099, y fondèrent le roy. de Jérusalem ; par Saladin en 1187, enfin par les Turcs en 1217 et 1239. Depuis, elle a suivi le sort de la Syrie. M. Pougalat a écrit l'histoire de Jérusalem (1842).

JAFFA, *Jopp.* ville et port de la Syrie, sur la Méditerranée, à 55 kil. N.-O. de Jérusalem, à 100 kil. S.-O. de Saint-Jean-d'Acre : 6,000 hab. (la plupart Turcs ; 500 chrétiens catholiques, 6 à 700 Grecs et Arméniens). Jaffa est bâtie en amphithéâtre et dominée par une citadelle en ruine ; les rues en sont étroites et malpropres ; on y voit plusieurs mosquées et trois couvents. Des jardins délicieux, remplis d'arbres fruitiers, donnent aux environs de Jaffa un aspect charmant. Son port est le rendez-vous des pèlerins qui vont à Jérusalem. Du reste, le commerce y est peu considérable ; il consiste en blé, riz, toile de lin, etc., apportés d'Égypte, et en savon et huiles, qui sont les denrées du pays. — Cette ville est très ancienne ; on prétend même qu'elle existait du temps de Noë. Les Juifs la nommaient Joppé (c'est-à-dire belle, agréable). C'est là que s'embarqua Jonas, et que saint Pierre ressuscita la veuve Tabithe. Des auteurs païens placent à Joppé l'aventure de Persée et d'Andromède. Jaffa eut à subir des siéges nombreux ; dans l'antiquité, elle fut prise et reprise par les

Égyptiens et les Assyriens ; Judas Macchabée la brûla; le général romain Cestius la détruisit ensuite, et Vespasien la ravagea. Au VII⁰ siècle, les Sarrasins s'en emparèrent ; au XII⁰ siècle, les Croisés la prirent d'assaut et en firent un comté que posséda Gautier de Brienne ; mais bientôt elle devint la proie des soudans d'Égypte, auxquels les Turcs l'enlevèrent. De ce moment, sa décadence commença. En 1799, les Français, commandés par Bonaparte, s'emparèrent de la ville, après un long siège et une résistance acharnée ; mais la peste se mit au camp des vainqueurs; c'est alors que le général français, pour relever le courage des soldats démoralisés, osa défier la contagion en touchant de sa main les tumeurs empestées. En 1837, un tremblement de terre détruisit la plus grande partie de la ville et fit périr 13,000 habitants. Les Anglais ont pris Jaffa pour les Turcs sur le Pacha d'Égypte en 1840.

Jourdain, Jourdanès, auj. Nahr-et-Arden, ou El Charia en arabe, riv. de Syrie (Damas), dans l'ancienne Palestine, sort du Djebel-et-Cheik (anti-Liban), coule au S., traverse le Bakr-Houleh (lac de Narom ou de Séméchom), le lac de Tabarich (lac de Tibériade) et tombe dans la mer Morte (ancien lac Asphaltite), après un cours de 120 kil. Le Jourdain a une grande célèbrité dans l'histoire sainte: les Hébreux sous Josué le passèrent à pied sec, vers 1600 avant J.-C. Jésus fut baptisé dans ses eaux par saint Jean.

Nazareth, *Nara* en Turc, petite ville de Palestine (Galilée), dans la tribu de Zabulon, au N.-O., sur une montagne, fut la résidence de Joseph, de la sainte Vierge et de Jésus jusqu'à son baptême. On y compte auj. 2,000 hab., plusieurs églises, entre autres celle de la sainte Vierge, et un couvent de Franciscains. En 1799, le général Junot, avec une poignée de braves, y livra un grand combat dans lequel il mit en fuite un nombre considérable de Turcs.

Naplouse, ou Naplous, *Sichem* ou Nabarthapuis, ville de Syrie (Damas), 50 kil. N. de Jérusalem, 10,000 hab., On y montre les tombeaux de Josué, de Joseph, et le puits de Jacob, près duquel Jésus-Chrit conversa avec la Samaritaine. Cette ville fut la capitale de la Samarie après la ruine de la ville de Samarie par Salmanazar. Environs délicieux et vues magnifiques.

Rama *Arimathie*, auj. Rama, Ramié ou Sanden, ancienne ville de Palestine, dans la tribu d'Ehraïm, au sud de Joppé, entre Samarie et Jérusalem, est la même peut-être que Ramath ou Ramathim-Sophim, patrie de Samuel. C'est aussi la patrie de Joseph, dit d'Amarithie. La vtlle actuelle, située en Syrie (Damas), a environ 2,000 hab.

Sidon, auj. Scide, ville de Phénicie, un peu au Nord de Tyr, sur la côte, formait un petit état fort riche par le commerce et l'industrie. Sa pourpre était fameuse comme celle de Tyr. Cyrus la soumit ; en 351, elle était en révolte contre le grand roi : elle ouvrit ses portes à Alexandre le Grand. Depuis elle appartint tantôt à la Syrie, tantôt à l'Egyte : finalement, elle tomba au pouvoir des Romains.

Sébaste, auj. *Sivas,* ville de l'Asie-Mineure sur l'Halys, qui appartint au Pont, puis à la Cappadoce, et qui finit par être le ch.-l. de l'Arménie 1re (formée aux dépens de la Cappadoce), était d'abord un fort du nom de Cabira ; elle fut agrandie par Pompée, qui l'appela Diospolis, et enfin reçut de la reine de Pont, Pythodoris, le nom de Sébaste c'est-à-dire Augusta (en l'honneur d'Auguste). — Samarie aussi se nomma Sébaste.

Tyr auj. *Sour*, nom commun à deux villes de Phénicie, l'une sur la côte, au sud de Byblos, l'autre dans une île voisine. La première fut fondée vers 1900 avant J.-C. et détruite, en 572, par Nabuchodonosor. Réfugiés dans l'île, les restes des Tyriens élevèrent alors la deuxième ville qu'on peut regarder comme la continuation de la première. Les débris de la première Tyr se nommaient Palac-Tyros ou vieille Tyr. Tyr avait deux portes ; ses murailles étaient très-fortes ; le détroit qui la séparait du continent la rendait presque inexpugnable, longtemps elle forma un état à part, qui était le plus riche de la Phénicie. Tyr brillait principalement par sa marine ; on la nommait la Reine des mers. Son commerce s'étendait jusque dans l'Atlantique, La pourpre de Tyr n'avait point de rivale au monde. Gadès, Carthage, Utique étaient des colonies tyriennes. Son gouvernement était monarchique (sauf de 572 av. J,-C.) ; on connaît surtout parmi ses rois le cruel Pygmalion, frère de Didon. Son luxe et sa corruption égalaient ses richesses. Son culte tenait de ceux de la Phénicie Melhart (dit l'Hercule de Tyr), Astarté (ou Vénus), Thammouz (ou Adonis) étaient ses divinités principales. — La nouvelle Tyr fut prise en 332 par Alexandre, un long siège, et en joignant l'île au continent par une digue gigantesque. Depuis ce temps, elle suivit le sort de la Syrie. L'an 125 av. J.-C., les Tyriens obtinrent des rois de Syrie l'autorisation de se gouverner par leurs propres lois : de cette époque date une ère usitée en Syrie et dite ère de Tyr. Cette v. finit par tomber avec le reste de la Syrie sous le joug des Romains, puis sous celui des Arabes, et enfin des Turcs. Prise par les Croisés, 1124 ; par les Français, 1799.

THABOR, ou Thabor (mont), *Itaurius* des anciens mont. de Syrie (Acre) au S. O. du lac Tabarieh, à

11 kilomètres S. E. de Nazareth : environ 1,000 mètres de haut. C'est là qu'eut lieu le miracle de la Transfiguration de Jésus-Christ. Bonaparte et Kléber, avec 4,000 hommes, battirent 35,000 Turcs près du mont Thabor en 1799.

Tibériade, *Tiberias*, v. de Palestine en Galilée (jadis dans la tribu de Zabulon), au S. E., sur la côte S. E. du lac de Tibériade (ou de Génésareth), fut fondé l'an 11 de J.-C. par Hérode Antipas en l'honneur de Tibère, et eut après la ruine de Jérusalem (71) une célèbre académie juive. La bataille de Tibériade ou d'Hittin, gagnée par Saladin sur les chrétiens, fit tomber Jérusalem aux mains des infidèles.

III

ITINÉRAIRE DU PÈLERIN EN TERRE-SAINTE.

Routes et distances.

(Tiré des Annales des pèlerinages)

DE JAFFA A RAMLER.

De Jaffa à la fontaine Aïn-Sebil-Abou-Nabout.	» l.	25
De là à Yazour (qu'on laisse à gauche).......	»	50
— à Beit-Dejan.......................	1	05
— à Safirieh (à gauche)................	»	05
— à Lydda...........................	»	40
— à Ramleh..........................	»	30
De Jaffa à Ramleh........................	4 h.	»

DE RAMLEH A JÉRUSALEM.

De Ramleh à El-Birieh (ruine à droite)......	1h.	»
Da là à El-Kebab........................	»	45
— à El-Latroun, (auprès d'*Emmaüs* (1) ou Nicopolis)		55

(1) La tradition place Emmaüs auprès de Lebi-Samouil, dans un village appelé El-Kubibeh ; mais on prétend que cette tradition ne remonte qu'au XIIIe siècle, et qu'au XIe et au XIIe

De là à Deir-Eyoub ou Bir-Ayoub (le puits de Job), (5 minutes à gauche)...............	» h.	35
— à Saris (5 minutes à droite)............	»	20
— à Kuriet-el-Enab............	»	50
— à Kostoul (Castellum, reste à gauche)..	»	45
— à Kolonieh (1) (5 minutes à gauche)....	»	30
— à Kefr-el-Biston, la vallée du Thérébinthe-Lifta à gauche, avec des ruines très-remarquables.........	»	27
De là à Wely-Shekh-Beder..	»	33
— à Jérusalem (porte de Jaffa)...........	»	30
De Ramleh à Jérusalem...	7 h.	50

DE JÉRUSALEM A SAINT-JEAN-DU-DÉSERT.

De Jérusalem (porte de Jaffa) au couvent grec de Sainte-Croix....................... ...	» h.	20
De là à Saint-Jean-du-Désert (Aïn-Karim)...	1	15
De Jérusalem à Saint-Jean-du-Désert.	1 h.	35

DE SAINT-JEAN-DU-DÉSERT A BÉTHLÉEM.

De Saint-Jean aux ruines de la Visitation. ...	» h.	10
De là à la grotte de Saint Jean..............	1	30
— à la fontaine de Saint-Philippe........	1	»

on confondait l'Emmaüs de l'Évangile avec l'Emmaüs de l'ancien Testament, c'est-à-dire Nicopolis, près de Latroun. M. Bobinson se prononce pour Nicopolis. M. Willams, pour Kiriath-El-Enab, et le docteur Sepp pour Colonieh.

(1) Après Kolonieh, on traverse la vallée de Térébinthe, célèbre par le combat de David et de Goliath ; mais le lieu du combat est plus au midi.

— à Beit-Djallah.....................	1	30
— à Bethléem	»	15
De Saint-Jean-du-Désert à Betlhéem.	4 h.	25

DE BETHLÉEM A JÉRUSALEM.

De Bethléem au tombeau de Rachel........	» h.	25
De là au couvent grec de Saint-Élis (Mar Elias)	»	35
— à Jérusalem...........	1	»
De Bethléem à Jerusalem....	2h.	»

Le mont du Mauvais-Conseil, à droite.

L'hospice juif, fondé par sir Moses Montefiore, à gauche, et le grand réservoir appelé Bir-ket-el-Sultan, à droite : c'est la piscine inférieure.

Vallée de Gihon ou de Ben-Hinnon. — Porte de Jaffa.

DE JÉRUSALEM A SAINT-SABAS

De Jérusalem (porte de Jaffa), en passant devant le puits de Néhémie (Bir-Eyoub (1), au Ouadi-Kattoun...........	» h.	38
Le long du Ouadi-en-Bahir jusqu'au confluent du Ouadi-Leban.....	1	42
De là à Saint-Sabas, le long du Ouadi-Rahib.	1	25
De Jésusalem à Saint-Sabas.	3 h.	45

(1) Bir-Eyoub, le puits de Job, est appelé aussi le puits Rogel ; il formait la limite entre la tribu de Benjamin et celle de Juda. Suivant la tradition, c'est là que le feu du temple a été caché pendant la captivité ; c'est pourquoi ce puits s'apppelle aussi le puits de Néhémie. — C'est encore là qu'Isaïe a été mis à mort et enseveli.

DE SAINT-SABAS A LA FONTAINE D'ÉLISÉE

De Saint-Sabas, par Bir-el-Kulab, à un puits près d'un torrent desséché qui court au S.-E. vers l'Ouadi-en-Nar........	1	h. 05
De là à un autre puits, en suivant l'Ouadi-el-Ghourabeh........	»	30
Descente sur le plateau d'El-Bukaa...	»	35
Entrée de l'Ouadi-Kouneitirah............	»	40
Sortie de l'Ouadi...	»	45
A la mer Morte...	1	»
De là au Jourdain............	1	»
— à Jéricho...	2	»
— à la fontaine d'Élisée (Aïn-Soultan)..	»	30
De Saint-Sabas à la fontaine d'Élisée.	8 h.	5

DE LA FONTAINE D'ÉLISÉE A JÉRUSALEM

De la fontaine d'Élisée aux ruines du château de Kakoun, à l'entrée de l'Ouadi-Kelt(1)..	»	h. 40
De là aux ruines d'un aqueduc...	1	10
— au khan Hadrour............	»	50
— Descente dans l'Ouadi-Sidr.........	»	30
— Montée.......................	»	15
— à l'entrée de l'Ouadi-El-Hodh..	»	20
— à la fontaine des Apôtres............	1	»
— à Béthanie................	»	20

(1) L'Ouadi-el-Kelt. — On suppose que c'est le torrent Carith, où Élie fut nourri par un corbeau. — C'est encore là qu'on place la vallée d'Achor. — Jos. VII, 26 ; XV, 7.

— à Jérusalem (porte Saint-Étienne).... » 30

De la fontaine d'Élysée à Jérusalem. 5 h. 35

On rentre à Jérusalem par le mont des Oliviers, Gethsémani et la porte de Saint-Étienne Quand on arrive en vue de Jérusalem, vers la montagne des Oliviers, on a à sa droite la chapelle de l'Ascension et, à sa gauche, le mont du Scandale et le village de Siloam.

DE JÉRUSALEM A DJIFNA

De Jérusalem à Touleil-el-Foul .... 1 h. »
De là à Er-Ram.n................. » 50
— à Bireh.................. 1 10
— à Difna..................... 1 »

De Jérusalem à Djifna...... 4 h. »

En sortant de Jérusalem, le mont Scopus, puis le village Schafat.

Touleil-el-Foul, la montagne des Fèves, surmontée de ruines, d'où on a une vue qui ne le cède qu'à celle de Nébi-Samouil Suivant Robinson, c'est ici qu'il faut chercher Gabaa de Benjamin, la patrie de Saül.

Er-Ram, Rama selon Robinson. (Judic. XIX, 15). — C'est le Rama dont il est dit que Débora résidait entre Rama et Béthel. (Judic. IV, 4, 5. — Voyez encore 1 Esdr. II, 29 ; 2 Esdr. VIII, 30, XI 33.) — Il y a, dans la sainte Écriture, plusieurs *Rama* qu'il ne faut pas confondre.

Bireh, belle fontaine ; ruines d'une belle église bâtie par les Templiers. — Les Croisés prétendaient que Bireh était la Machmas de la Bible. — C'est une des villes des Gabaonites. (Jos. ix.) — C'est là que la sainte Vierge s'aperçut que l'enfant Jésus n'était plus avec elle.

On laisse à droite Beitin, que Robinson prétend être l'ancienne Béthel, si souvent mentionnée dans la Genèse, Josué, les Juges et les Rois, ainsi que dans Amos.

Djifna est la Gophna de Josépha; ruines d'un vieux château et d'une église dédiée à saint Georges.

DE DJIFNA A NAPLOUSE.

De Djfina à Aïn-Yebreud..................	» h.	30
De là à Aïn-el-Haramieh...............	1	18
— à Singel (qu'on laisse à gauche), descente.........................	»	50
— à l'Ouadi-Labban (puits à droite)...	»	50
De là aux ruines d'un khan, près Sawieh..	»	45
— au sommet de la montée............	»	35
— à une fontaine à l'extrémité de la descente	1	»
— à Hawara	»	30
— à Naplouse.....................	1	50
De Djifna à Naplouse ...	8 h.	08

Une heure après Yebroud, ruines d'un château.

Aïn-el-Haramieh, fontaine des Voleurs

En allant de Sindjel à Labban, on laisse à droite Seilun, l'ancienne Silo (V. Judic, xxi, 19); elle est mentionnée très-souvent dans Josué, les Juges et les Rois.

Labban et l'ancienne Lebona, mentionnée dans le

verset cité plus haut (Judic. xxi, 19), et qui est si précieux pour la topographie de ce pays.

Le village de Savieh reste à gauche, sur une hauteur; dix minutes après, on a le khan en ruines, à droite, avec un beau chêne à côté. Descente dans une profonde vallée, que nous traversons ; arrivés au fond, on est en vue de deux villages nommés Kabalan et Yetma. Du sommet de la montée, une vue magnifique, d'où l'on découvre la riche et fertile plaine de Mokhna, le mont Garizim et le mont Hébal, et, entre les deux, l'entrée de la vallée de Naplouse ou Sichem, et enfin, bien loin, du côté du nord, le grand Hermon.

Une heure et quart après avoir laissé le village de Hajvara à sa gauche, on arrive au puits de Job.

DE NAPLOUSE A DJENNIN

De Naplouse à Beit-Iba (qu'on laisse à gauche)	1 h.	»
De là à Sebastieh (Samarie ou Sébaste).......	1	05
— à Bourka.............................	»	40
De là à Fendekumieh.....	1	»
— à Djeha.................	»	25
— au pied de Sanour, qu'on laisse à droite avec le Merdj-el-Ghourrouk à gauche..,...	»	05
De là à Kubatieh (Dothaïn à gauche)	1	25
— à Djennin (en Gannim ; la fontaine des jardins, la Ginœa de Josèphe)	1	30
De Naplouse à Djennin.	7 h.	55

DE DJENNIN A NAZARETH.

De Djennin à Monkeibileh. ....,... .	1 h.	20
De là à El-Fouleh (bataille du mont Thabor).	2	15

— à El-Mezraah... .... 1 »
— à l'entrée des gorges.................. 1 15
— à Nazareth.. .. .. 1 15

           De Djennin à Nazareth...... 6 20

Plaine d'Esdrelon.

Merdj-Ibn-Amer, ancienne plaine de Megiddo ou vallée de Jezrahel, le grand champ de bataille. C'est ici que Barac et Débora triomphèrent Sisara, que Gédéon fut victorieux des Madianites, que Saül et Jonathas subirent la défaite dans laquelle ils trouvèrent la mort ; que Josias fut tué. C'est ici enfin que le général Bonaparte remporta la victoire du Mont-Thabor. C'était la frontière de Zabulon, mais surtout l'apanage d'Issachar. « Lætare Zabulon in *exitu tuo,* et Issachar, in tabernaculis tuis, » (Deuter. XXXIII, 18.) — On a à droite le mont Celboë. — Ensuite le petit Hermon et le Thabor.

Arrivé à Fouleh, on a, à droite, Sulem ou Sunam, ou Sumem ; la patrie de la Sunamite. (3 Reg. t, 3, 15, n, 17, 21, 22.) — C'est là que campèrent les Philistins avant la bataille de Gelboë, entre Saül et les Philistins. (1 Reg. XXVIII.) — Endor, où Saül alla consulter la Pythonisse, est derrière le petit Hermon. (Josué, XVII, 11.) — Entre Endor et Sunam se trouve Naïm.

DE NAZARETE A TIBÉRIADE.

De Nazareth à Debourieh .... 2 h. »
De là au sommet du Thabor.. .... 1 »
Descente au khan et Tufar .... » 50
De là à Kefr-Sabt............. .... » 40

Le long de l'Ouadi-Besoum	»	40
Au sommet de la montagne qui domine Tibériade..	1	30
Descente à Tibériade............................	»	45
De Nazareth à Tibériade.	7	25

Une tradition très ancienne place la transfiguration sur le mont Thabor, l'Évangile dit seulement qu'elle eut lieu six jours après la confession de Saint Pierre à Césarée de Philippe, « in monte exelso seorsum ». Si *seorsum* s'applique à la montagne, ce mot semble indiquer nettement le Thabor ; mais il est plus probable que *seorsum* s'applique aux disciples. Quelques personnes pensent que la transfiguration aurait eu lieu sur le grand Hermon, au pied duquel Césarée de Philippe est placée ; mais la tradition indique le Thabor, et six jours suffisent amplement pour venir de Césarée au Thabor.

DE TIBÉRIADE A NAZARETH

De Tibériade à Hittin.....................	1 h. 40
De là au champ de la Multiplications des Pains (Hajar en Nosrani)	
— à la montagne des Béatitudes (Kurn-Hittin).................................	4 50
— au champ des Épis..................	
— à Cana (Kefr-Kenna)................	
De là à Er-Reiheh................................	» h. 40
— à Nazareth....................................	» 46
De Tibériade à Nazareth.	7 h. 35

Une tradition déjà ancienne identifie la Cana de l'Évangile avec le village de Kefr-Kenna ; suivant Robinson, il faut la chercher plus au nord, à un village qui s'appelle encore Kana-el-Jelil, *Cana Galilœæ*:

DE NAZARETH AU MONT CARMEL

De Nazareth à Séphoris............	1 h. 29
De là Schefa-Amar.	3 10
— à Caïffa (on passe le Cison à gué)......	3 10
— au Carmel..	1 »
De Nazareth au mont Carmel.	8 h. 40

Sephoris, Diocésarée, Sefourieh ; suivant la tradition, c'est là que demeuraient saint Joachim et sainte Anne ; du temps des Romains, c'était la ville la plus forte de la Galilée.

Le Cison est appelé, dans le cantique de Denora, *tocrens Cison, torrens Cadumim* (le torrent des Ancêtres), ou les eaux de Mageddo, *aquæ Magepdo*,, ce qui rappelle le nom arabe Narh-el-Mokatta on Maketta. (Judic. IV, 7, 13 ; V, 19, 21. — Psalm. LXXXIII, 10)

Le Cison prend sa source près de Djennin. — C'est sur les bords du Ciron que le prophète Élie mit à mort les prêtres de Baul : *Dixit eos Elias ad torrentem Cison et inter fecit eos ibi.* (3 Reg. YVIII 40.)

DE CARMEL A SAINT-JEAN D'ACRE

Du Carmel à Caïffa (Sycaminum)..........	1 h. »
De là au Nahr-el-Mokata (le Cison).	« 32
— au Nahr-Naman (le Belus)............	2 18
— à Saint-Jean d'Acre (Ptolémais).......	» 22
De là au campement (jardin d'Abdallah-Pacha).........	» h. 23
Du Carmel à Saint-Jean d'Acre...	4 h, 30

Le Nahr-Naaman, le Belus de Pline, qui l'appelle aussi Pagida. C'est sur ses bords que l'art de faire le verre a été trouvé.

Saint-Jean-d'Acre, ou Ptolémaïs, joue un grand rôle dans l'histoire des Machabées, comme dans celle des Croisades et des temps modernes.

Saint Paul y demeura un jour sur le chemin de Tyr à Césarée.

DE SAINT-JEAN D'ACRE A TYR

Dn jardin d'Adallah-Pacha à Es-Semirieh....	» h.	45
De là à Zib (Ach-Ziba), Ecdippa...	1	25
— à Aïn-el-Mesherfi.....	1	15
— au sommet du Ras en Nakoura........	»	17
— aux ruines d'un pont au pied du Ras en Nakoura.	»	20
— au khan en Nakoura (excellente eau et eaux jardins).........	»	35
De là à Oum-el-Amad (ruines à droite)......	»	22
— à Aïn-Iskanderouna (ruines remarquables à droite).....	»	38
— au khan, au sommet du cap blanc (escalier des Tyriens Au pied du cap Blanc (Bar-el-Abiad) Une tour en ruines)............·........	»	20
— au Ras-el-Aïn (réservoir attribué à Salomon, probablement l'œuvre des Tyriens)..	1	50
— à Tyr..... .. .., ...	»	55
De Saint-Jean d'Acre à Tyr....	9h.	02

DE TYR A SIDON

De Tyr à la fontaine El-Babouk............	» h.	36
De là un pont sur le Nahr-el-Kasimieh (le Leontes).......................	1	02
— au Nahr-Abou-el-Asouad.	1	»
— aux ruines de Mokatra.........	»	35
— aux ruines d'Adloun	»	30
— au-Nahr-el-Haïsarani..................	1	»
- au khan El-Kantarah...................	»	45
(Sarepta tout près de là (1)....		
— au Tell-el-Bourak. — Barouk (beaux jardins, restes d'un pont romain)........		42
— au Nahr-el-Zaharany (le fleuve Fleuri) 2.		18
— au Nahr-Sanik...	1	10
— à Sayda.....	»	30
De Tyr à Sidon	8 h.	10

DE SIDON A BEYROUTH.

De Sidon au Nahr-el-Auwly (Bostrenus) (3)..	» h.	45
De là à Ras-Roumeileh (tour en ruines)....	»	25

(1) Sarepta. (Élie et la veuve de Sarepta.) Sur l'emplacement de la maison de cette veuve, on a bâti une chapelle qui était en ruines au XIIIe siècle : elle a été remplacée par un ouely musulman nommé El Khodr. Suivant une autre tradition, c'est là que Notre-Seigneur aurait rencontré la Chananéenne.

(2) Après le Nahr-el-Zaharny, vestiges d'une route romaine, avec pierres militaires ; l'une porte le nom de Septime-Sévère et de son fils Caracalla.

(3) En sortant de Sidon, à droite, dans l'intérieur du pays, l'ancien couvent de Mar-Elias, qui a servi de demeure à la cé-

De là à Ras-Yedrah (1)..	I h.	»
— au khan en Oabi-Younas (Jonas (2)....	»	35
— à un puits au pied du Ras-Damour.....	»	37
— au Narh-el-Damour (Tamyras).........	»	50
— au khan-en Naimeh.	1	05
— au khan El-Khoulda (Heldua) (3).......	1	25
— au khan El-Asis...............	»	55
— au khan El-Ghadir....................	»	25
— à Bir-Huseini................. ...	»	43
— aux Pins......	»	24
— à Beyrouth (4).....	»	18
De Sidon à Beyrouth	8 h.	27

lèbre lady Esther Stanhope. Un peu plus loin, dans la montagne, le couvent du Saint-Sauveur ou Deir-Moukhallès, qui a été le boulevard du Catholicisme pour la nation Melchite, et qui a été cruellement ravagé en 1860, par les Druses.

(1) Ruines de Porphyréon, mentionné par Scylax et l'Itinerar Pieposolym.

(2) Une tradition place ici le lieu où Jonas a été rejeté par le poisson sur la côte. — Jon. II, 11.

(3) Heldua, la première station mentionnée dans l'Itiner. Hierrosol. Sarcophages à main droite.

(4) Beyrouth (Berythe). Comparez avec Beroth, Berotah. — 2 Reg. VIII, 8 et Ezéch. XLVI, 16.

TABLE DES MATIÈRES

	Pages
I Le Départ	5
II Jusqu'à Naplouse	14
III Les Naplousins	31
IV Le Garizim	50
V Une Soirée à Sichem	68
VI Sébaste ou Samarie	90
VII Le Mont Thabor	107
VIII Nazareth	129
IX La Santa Casa	142
X La Bataille d'Hittin	153
XI Tibériade	166
XII Les Sources du Jourdain	181
XIII Cana en Galilée	192
XIV L'Angelus à Nazareth	204
XV Saint-Jean d'Acre	221
XVI Tyr et Sidon	236
XVII Le Mont Carmel	260
Conclusion	275

Notes et Renseignements

Authencité des traditions chrétiennes relatives aux Lieux Saints	281
Principales villes de la Terre-Sainte	294
Itinéraire du pèlerin en Terre-Sainte	301

www.ingramcontent.com/pod-product-compliance
Lightning Source LLC
Chambersburg PA
CBHW071342150426
43191CB00007B/814